U0305844

本书受泸州市叙永县2017年中央财政"三农"服务专项及四川省科技项目"旺苍县农业气候资源与农业生产技术关联系统开发应用"（项目编号2018JY0341）资助

叙永县
气象风险防御规划

XUYONGXIAN
QIXIANG FENGXIAN FANGYU GUIHUA

《叙永县气象风险防御规划》编写组 \ 编

西南财经大学出版社
Southwestern University of Finance & Economics Press
中国·成都

图书在版编目(CIP)数据

叙永县气象风险防御规划/《叙永县气象风险防御规划》编写组
编 . —成都:西南财经大学出版社,2018. 11
ISBN 978-7-5504-3797-5

I. ①叙… II. ①叙… III. ①气象灾害—灾害防治—叙永县
IV. ①P429

中国版本图书馆 CIP 数据核字(2018)第 253280 号

叙永县气象风险防御规划

《叙永县气象风险防御规划》编写组　编

责任编辑:李晓嵩
助理编辑:陈何真璐
封面设计:何东琳设计工作室
责任印制:朱曼丽

出版发行	西南财经大学出版社(四川省成都市光华村街55号)
网　　址	http://www.bookcj.com
电子邮件	bookcj@foxmail.com
邮政编码	610074
电　　话	028-87353785　87352368
照　　排	四川胜翔数码印务设计有限公司
印　　刷	四川五洲彩印有限责任公司
成品尺寸	148mm×210mm
印　　张	9.25
字　　数	178 千字
版　　次	2018 年 11 月第 1 版
印　　次	2018 年 11 月第 1 次印刷
书　　号	ISBN 978-7-5504-3797-5
定　　价	48.00 元

《叙永县气象风险防御规划》编写组

主　编：孔　亮

副主编：陈峻雨　陈　惠

编写组成员（按姓氏笔画排序）：

苏　畅　李　益　杨　光　周　立

赵若雷　黄　镇　熊　军

资料组成员（按姓氏笔画排序）：

文治国　尹继平　朱华亮　阮开阳

李正强　杨国强　张元安　张福仟

罗仕伟　周元禄　单成良　胡云聪

徐万权　郭　勇　梅少军　童正江

游　丽　颜丽娜

前言

　　近几年，防御气象灾害已经被列为国家重要的基础性公益事业，并成为国家公共安全的重要组成部分，成为政府履行社会管理和公共服务职能的重要体现。编制气象灾害防御规划，指导各级气象防灾体系建设，强化气象防灾减灾能力和应对气候变化能力，对于落实科学发展观，全面建设小康社会和构建社会主义和谐社会，具有十分重要的意义。2006年3月31日四川省第十届人民代表大会常务委员会第二十次会议通过的《四川省气象灾害防御条例》第四条指出：县级以上人民政府应当加强对气象灾害防御工作的领导，建立健全气象灾害防御指挥协调机制，编制预案，将气象灾害防御工作纳入本级国民经济和社会发展计划，所需经费纳入同级财政预算。2010年1月，中国气象局、国家发展和改革委员会联合下发了经国务院批准的《国家气象灾害防御规划（2009—2020年）》。《国家气象灾害防御规划（2009—2020年）》提出各级地方政府要将气象灾害防御工作列入政府重要议事日程，组织编制本地的气象灾害防御规划。

四川省泸州市叙永县是气象灾害较严重的地区之一，气象灾害种类多、分布地域广、发生频率高、造成损失重。近年来，在全球气候持续变暖的大背景下，叙永县各类极端天气气候事件更加频繁，气象灾害造成的损失和影响不断加重。因此，编制适合本地实际的气象灾害防御规划极其必要且意义重大。

目录

1 叙永县气象灾害防御现状和面临的形势

　　党中央、国务院历来高度重视气象灾害的防御工作。习近平总书记多次强调做好防灾减灾工作，要求提高应对极端气象灾害的综合监测预警能力、抵御能力和减灾能力。《国务院关于加快气象事业发展的若干意见》和《国务院办公厅关于进一步加强气象灾害防御工作的意见》对气象灾害防御工作做出全面部署。

　　《国务院关于加快气象事业发展的若干意见》指出：气象事业是科技型、基础性社会公益事业。改革开放以来，我国气象事业取得了长足发展，初步建立了天气、气候业务和科研体系，提高了气象监测、预报、预测和服务水平，在防灾减灾、经济建设、社会发展和国防建设中发挥了重要作用。但是，气象事业发展中还存在综合气象观测体系尚未形成，科技自主创新能力不强，预报预测水平亟待提高，气象灾害预警发布体系不完善等突出问题。为进一步加快气象事业发展，更好地为国民经济和社会发展服务，提出以下意见：

一、充分认识加快气象事业发展的重要性和紧迫性。

二、加快气象事业发展的指导思想和奋斗目标。

三、加强气象基础保障能力建设。

四、发挥气象综合保障作用。

五、科学合理开发利用气候资源。

六、推进气象工作的法制、体制和机制建设。

《国务院办公厅关于进一步加强气象灾害防御工作的意见》指出：我国是世界上气象灾害最严重的国家之一。台风、暴雨（雪）、雷电、干旱、大风、冰雹、大雾、霾、沙尘暴、高温热浪、低温冻害等灾害时有发生，由气象灾害引发的滑坡、泥石流、山洪以及海洋灾害、生物灾害、森林草原火灾等也相当严重，对经济社会发展、人民群众生活以及生态环境造成了较大影响。近年来，全球气候持续变暖，各类极端天气事件更加频繁，造成的损失和影响不断加重，为进一步做好气象灾害防范应对工作，最大限度减少灾害损失，确保人民群众生命财产安全，经国务院同意，现提出如下意见：

一、加强气象灾害防御工作的总体要求。

二、大力提高气象灾害监测预警水平。

三、切实增强气象灾害应急处置能力。

四、全面做好气象灾害防范工作。

五、进一步完善气象灾害防御保障体系。

六、加强气象灾害防御工作的组织领导和宣传教育。

四川省地处长江上游，地形地貌复杂，气候差异大，生态环境脆弱，灾害频繁，是气象灾害最严重的省份之一。干旱、暴雨（雪）、寒潮、大风、高温热浪、低温冻害、雷电、冰雹、大雾、连阴雨等灾害时常发生。由气象灾害引发的洪涝灾害、地质灾害、生物灾害、森林草原火灾等次生衍生灾害也十分严重，对经济社会发展、人民生活和自然生态环境造成了较大影响。近年来气候持续变暖，各类极端天气事件更加频繁，造成的损失和影响不断加重。为进一步做好气象灾害防范和应对工作，最大限度地减轻气象灾害损失，确保社会公众生命财产安全，四川省人民政府制定了《关于进一步加强气象灾害防御工作的意见》：

一、加强气象灾害防御工作的总体要求。

二、大力提高气象灾害监测预警水平。

三、切实增强气象灾害应急处置能力。

四、全面做好气象灾害防范工作。

五、加强气象灾害防御保障体系建设。

各级党委、政府和有关部门对气象灾害防御的重视程度进一步提高，支持力度进一步加大，以人为本、关注民生、减灾增效、防灾维稳的防灾减灾理念日益坚定，科学防灾、综合减灾的防灾减灾政策日益强化，全社会对气象灾害倍加关注。叙永县气象灾害防御能力和水平明显提高，气象灾害防御工作取得可喜进展。

1.1　主要气象灾害概况

当前全球气候正经历一次以变暖为主要特征的显著变化，人类活动加剧了全球 50 多年的普遍增温。在此背景下，持续的气候变暖已经对全球的生态系统以及社会经济系统产生了明显而又深远的影响，极端天气气候事件的频繁发生以及气候突变发生的潜在可能性使人类的生存和发展面临着巨大挑战。

受全球气候变化影响，叙永县也面临着各种极端气象灾害的侵扰。气象灾害的强度和频率也在不断升级。暴雨、干旱、高温热浪、冰雹、寒潮、低温、霾等极端天气对农业、畜牧业、渔业、旅游业和交通安全等都带来了不同程度的影响。由气象灾害所引发的洪水、泥石流、山体滑坡等衍生灾害和次生灾害对经济社会发展、人民生命财产安全以及生态环境造成了较大的影响，因气象灾害所造成的经济损失也有加大趋势。

叙永县是农业大县，主要农作物有烤烟、水稻、玉米等。由于全县以丘陵地貌为主，地质环境复杂，降水丰沛且集中，且气象灾害频繁发生，所以气象灾害成了最为严重的农业杀手。叙永县初春、秋末、冬季多受北方冷空气影响，有倒春寒、寒潮、低温冻害、大雾等；夏季有暴雨、雷电、冰雹、大风、高温热浪、干旱等灾害。由气象灾害引发的山洪、泥石流、山体滑坡以及农作物病虫害、森林火灾等次生灾害也较为严重。

2015年8月17日，叙永县普降暴雨，13个乡镇受灾，因灾死亡14人，失踪10人，转移4784人，共造成57 006人受灾，损坏房屋6899间，农作物受灾1745.19公顷，堤防损坏2.03千米，渠道损坏61.39千米，供电线路中断8条，直接经济损失13 958.03万元。2016年6月19日至22日，叙永县出现暴雨天气过程，局部达到大暴雨，造成全县25个乡镇受灾人口106 904人，死亡1人，受灾学校19所，堤坝损坏113处，渠道损坏503处。叙永县的地理环境决定了汛期易受洪涝灾害侵袭，主要表现在境内中小河流众多，局部暴雨导致的小流域洪水和山洪灾害危害严重，同时，还易诱发滑坡、泥石流等地质灾害。暴雨山洪、江河洪水和地质灾害往往是接连发生的，具有因果关系。

2008年叙永县南面乡镇遭受雨雪冰冻灾害天气袭击，其中摩尼镇1月22日最低温度仅为零下4℃，致使12个乡（镇）25万人受灾，4条公路因路面结冰而封闭，9个乡镇无法正常供电。

2011 年叙永县出现持续的高温伏旱天气，高于 40℃ 的高温酷暑天气多达 12 天，造成了特大干旱，农作物受灾面积 312.53 平方千米，经济损失达 1.09 亿元。

2015 年 5 月，叙永县多个乡镇遭受冰雹、大风自然灾害，农作物受灾面积 15.18 平方千米，房屋受损 2979 户，直接经济损失 2847 万元。

除此之外，通过对叙永县气象灾害的发生规律进行统计分析发现，叙永县气象灾害发生时间集中在 3—10 月，高峰期在 5—8 月，主要分布在丘陵和山坡地带。进入 6 月至 8 月，全县的气象灾害主要以山洪、泥石流、山体滑坡为主，具有危害大、突发性强等特点，严重威胁着人民生命财产安全。

1.2　气象灾害防御工作现状

造成气象灾害发生的原因是多方面的，归纳起来，主要是自然因素与人类活动和社会经济因素两大类。

就自然因素而言，最为根本的是大气系流和天气过程的异常，主要的影响因素包括亚洲季风、厄尔尼诺和南方涛动事件及环流系统的异常。

除自然因素外，人类活动和社会经济发展也是气象灾害发生的重要诱因。随着社会的发展、文明的进步，人类活动的影响已经不再是局部性问题，温室效应、环境污染等已经对天气、气候及极端事件产生影响，并导致了全球气候变化。主要表现为：人口的不断增长带来巨大的资源和环境压力；人类活动影响土地利用，造成环境恶化，引发多种灾害；人类活动影响全球变暖，导致一系列气象灾害的发生；热岛效应造成城县灾害等。

气象灾害伴随着人类社会发展的全过程，我们虽然不能阻止其发生，但是可以逐步掌握其规律，及时做出预警，积极进行防御，将灾害的损失降至最低。目前，在市气象局和县委、县政府的领导下，经过多年的探索和实践，叙永县已初步建立健全了防灾减灾体制和机制，有效提高了包括气象灾害在内的自然灾害监测、预警、应急和救助能力，形成了较为完善的气象灾害防御体系。

1.2.1　气象灾害监测预报能力不断加强

叙永县建成了覆盖全县 25 个乡镇的区域自动气象站，另有 16 个地质灾害高危村社的山洪监测站，2 套土壤水分自动观测设备，1 套卫星资料接收设备等自动监测系统；完成了地面自动气象站网、能见度自动观测、卫星云图、雷达监测、应急移动观测仪、视频天气会商、网络通信、电视气象节目和预报业务平面改造等项目建设，有力地提升了全县气象防灾减灾服务能力；基本建成了以数值天气预报模式应用为基础，综合应用现代化气象探测信息的天气气候预报预测业务体系，预报预测准确率、精细化程度和预警时效性不断提高；开展了农业、林业、交通、能源、地质灾害、环境等基础性行业的气象监测预报，气象灾害预警和预测技术取得长足发展。

叙永县完成了 MICAPS4 服务器集群基础平台搭建工作，CIMISS - MICAPS4 数据环境现已部署完毕。CIMISS - MICAPS4 数据环境采用 Cassandra 分布式存储技术，从预报员对业务系统的"稳定"和"快"的需求"痛点"出发，为 MICAPS4 客户端提供高效的数据访问服务，解决了传统文件服务器对于海量数据文件的处理、存储压力，解决了数据读取效率和资料服务时效等关键技术问题，数据查询响应速度较原系统有大幅提升，为提高预报准确率和汛期气象服务工作质量打下坚实的理论基础。

叙永县推广使用临近预报系统 SWAN 及其定量降水预报产品，促进提升短临天气预报预警业务水平。SWAN 系统在 MICAPS 平台基础上，融合了数值模式产品和雷达、卫星、自动站等探测资料，提供了大量的临近预报产品，如三维雷达拼图、组合反射率因子、垂直剖面、定量降水估测和预报、COTREC（改进的交叉相关法）矢量场、反射率因子预报产品、风暴识别与追踪、TITAN（风暴识别、追踪、分析和临近预报系统、对流云识别产品）等，并具有强天气综合自动报警、预报产品实时检验、灾害天气预报制作和发布等功能。SWAN系统在现有业务中提供定量降水预报产品。该产品使用了CAPPI拼图数据、COTREC矢量场和自动站雨量等资料。首先，在对Z-I关系做统计时，考虑了将不同强度的回波按照一定的等级进行分类；其次，利用COTREC矢量场外推，获得雷达反射率因子预报场；最后，在使用自动站雨量订正雷达定量降水预报时，采取最优插值法。

基于多普勒天气雷达、卫星、自动气象站等非常规观测资料和中尺度数值模式的定量降水预报技术得到了快速的发展。对于临近（0~2小时）定量降水预报而言，利用雷达回波外推技术和自动站雨量订正技术的临近预报方案具有高精度的时空分辨率，且准确率也较高。

位于泸州市江阳区人工防雹增雨示范基地的X波段全固态全相参双偏振多普勒天气雷达安装调试成功，并已经投入运行。建成后的新雷达，具有全固态、全相参等优势，工作稳定可靠，性能指标优异，实现了无人值守和24小时连续运转。这标志着叙永县气象局具备了能够探测和分析降水粒子相态的能力。双偏振多普勒功能使该雷达不仅能得到云雨粒子的幅度信息、相移信息，还能根据偏振信息计算出云雨粒子的相态、排列取向、空间分布和尺度谱等微物理信息。这对提高叙永地区的灾害性天气的监测能力以及人工影响天气、防雹减灾能力，推进地区经济社会发展和生态保护都具有十分重要的现实意义。

1.2.2 气象防灾减灾服务能力进一步提升

叙永县建成了包括电话、手机短信、三级平台网、党政网、电子显示屏等气象信息的多渠道发布，及时发布气象灾害预警信息，提出防灾减灾建议，为各级党委、政府防灾、抗灾、救灾等决策工作提供了重要参考建议，为广大人民群众防灾避险提供了有效指导。

县人工影响天气办公室根据各季节的气候实际情况，按照作业程序，提前制定人工增雨防雹作业计划，加强天气监测，抓住有利天气时机，组织实施人工影响天气作业，在应急抗旱、消除冰雹、水库蓄水、森林防火、改善空气质量、农业经济发展等方面发挥了重要作用。县气象局将进一步推进标准化作业站的设施建设，修改完善安全射界图，切实提升人工影响天气作业规范化和安全性，部署落实无线通信指挥传输系统建设，完成作业点作业网络监控系统建设安装，形成科学化指导，规范化作业，继续提升人工影响天气的能力。

此外，叙永县形成了覆盖全县所有乡镇的气象协理员与气象信息员联防联报机制，气象服务进一步向基层延伸。气象协理员和气象信息员综合素质得到明显提高，选用、培训、管理、考核激励和经费保障机制等得到全面完善，每年参加培训的人员比例在 50% 以上，工作职责得到全面、

有效履行；落实人员配备，各乡镇按照择优选用、注重素
质的原则，切实抓好气象协理员和气象信息员队伍的建设；
抓好培训教育，加强气象协理员和气象信息员的上岗培训
和在岗轮训，每 2 年至少进行 1 次在岗轮训。

1.2.3 气象防灾减灾应急联动机制逐步建立

叙永县政府发布了《叙永县气象灾害应急预案》，将气
象保障列入县级专项预案。全县建立了部门联络员制度，
应急办、水利、农业、林业、交通、环保、国土、安监、
电力等部门与气象部门开展防灾减灾合作，新闻媒体及通
信企业为气象灾害信息传播提供了"绿色通道"。

叙永县与云南省昭通市、贵州省遵义市及毕节市开展
云贵川三省四地跨省跨流域气象防灾减灾区联防工作，讨
论联防协作内容，就构建区域气象信息共享与会商平台、
加强资料信息共享、加强合作与交流、联合成立技术开发
团队、完善联防工作机制、建立联防协作长效机制等方面
达成共识，并签署了《三省四地区域联防协作方案》，成立
联防工作领导小组、气象服务工作小组、技术装备保障小
组和工作联络小组，从制度和组织层面上保证了区域联防
工作正常高效地开展。区域联防合作以"团结协作、突出
重点、紧密配合、优质服务"为原则，以重大气象灾害和
跨区域性气象灾害联防为重点，以共同采取应对重大天气
监测预警应急联动为措施，以提高气象服务准确性、预警

信息及时性、应急联动有效性为目标，大力开展重大气象灾害研判协作，实现信息共享、责任共担、共同防御，充分发挥行业资源优势，提升气象灾害防御能力和气象服务水平，切实做好气象灾害防御工作。

跨省跨流域区域联防工作机制的建立，将进一步增强区域气象防灾减灾能力，提升气象服务工作的整体效益，为区域社会经济发展、人民福祉安康做出更大的贡献。

1.2.4 气象灾害防御组织体系初步形成，抗灾能力大大提高

叙永县气象局在县委、县政府及省、市气象局的坚强领导下，通过与水务局、国土资源局、民政局、农业局、环境保护局、住房和城乡规划建设局等单位形成协调配合机制，初步建立了以气象信息员队伍为主体的基层气象灾害防御体系，覆盖全县乡村、社区，重点承担预警信息传播、灾情调查、科普宣传等工作，团结一致战胜了"7·13"大石乡泥石流、"8·17"白腊乡洪涝灾害等气象灾害，将气象灾害造成的损失降至最低，气象防灾减灾成效显著。

随着气象灾害监测预报水平不断提高，各级党委、政府防灾抗灾组织能力不断增强，叙永县整体抗灾能力大大提高，气象灾害造成的人员伤亡明显减少，抗灾救灾的经济成本和社会负担有效减轻，每年气象灾害造成的直接经济损失占比逐步下降。

1.3　气象灾害防御存在的问题和面临的形势

1.3.1　存在的问题

目前，面对经济社会发展的迫切需求，叙永县气象灾害防御能力仍与经济社会发展不相适应，叙永县气象灾害防御仍存在以下薄弱环节：

（1）气象灾害防御布局重点不够明确，针对性不强。

（2）气象灾害综合监测预警能力有待进一步提高，体现在当前气象业务体系对于突发气象灾害的监测能力弱、预报时效短、预报准确率仍不能满足气象灾害防御需求。

（3）气象灾害预警信息传播尚未完全覆盖叙永县偏远地区，预警信息的针对性、及时性不够。

（4）气象灾害风险评估制度尚未建立，缺乏精细的气象灾害风险区划，气象灾害风险评估尚未全面开展，气候可行性论证对城乡规划编制工作的支撑仍显不足。

（5）气象灾害社会综合防御体系不够健全，部门联合防御气象灾害的机制不健全。

（6）部门间信息共享不充分。

（7）社区、乡村等基层单位防御气象灾害能力弱，缺乏必要的防灾知识培训和应急演练。

（8）综合防灾社会体系不完备。面对气象灾害频发易发的趋势，气象灾害监测预警、防御和应急救援能力与经济社会发展和人民生命财产安全需求不相适应的矛盾日益突出，气象灾害防御的形势更加严峻。

1.3.2 面临的形势

面对经济社会发展的迫切需求，提高叙永县气象灾害防御能力刻不容缓。

1.3.2.1 构建社会主义和谐社会对气象灾害防御提出了更高要求

以人为本，全面协调可持续发展，对气象灾害防御的针对性、及时性和有效性提出了更高要求，尤其是如何科学防灾、依法防灾，最大限度地减少灾害造成的人员伤亡和经济损失，降低防灾的经济成本，减轻社会负担，成为气象灾害防御亟待解决的问题。

1.3.2.2 全球气候变暖对气象灾害防御提出了新挑战

全球气候变暖使暴雨洪涝灾害、旱灾、低温寒潮、高温热浪、雷电、冰雹等极端天气和气候事件变得更为频繁和复杂。叙永县境内主要是丘陵山地，坡度陡峻、沟谷幽深，河流纵横，水资源十分丰富，局部强降雨引发的山洪、泥石流、山体滑坡将增多；随着二氧化碳等污染物排放增加，雾、霾以及酸雨等事件也呈增多增强趋势，气象灾害防御工作面临新的挑战。

1.3.2.3 经济社会持续快速发展对气象灾害防御提出了新任务

随着叙永县经济快速发展，社会财富大大增加，人民生活水平日益提高，气象灾害对经济社会安全运行和人民生命财产安全构成了更加严重的威胁，灾害防御工作更加任重道远。气象灾害对农业、林业、水利、环境、能源、交通运输、电力、通信等高敏感行业的影响度越来越大，造成的损失越来越重，保障这些国民经济行业的安全运行，需要进一步提高公共气象服务能力和专业化服务水平。

1.3.2.4 打赢脱贫攻坚战对气象灾害防御提出了新需求

党的十九大报告提出，要动员全党全国全社会力量，坚持精准扶贫、精准脱贫，坚持大扶贫格局，注重扶贫同扶志、扶智相结合。作为四川省贫困县，叙永县的农村贫困人口众多，当前的农村扶贫工作任重而道远。特别是南面山区自然条件恶劣，经济基础薄弱，人民思想观念落后，社会问题交织，贫困人口大多生存环境差，因病因灾致贫返贫、贫困代际传递问题比较严重。

叙永县南部山区，气象灾害多发且破坏性强，因灾致贫、积贫的情况时有发生。对靠天吃饭的脆弱性产业农业来说，气候因素是影响农业生产的重要因素。气象部门近年来利用为农服务"两个体系"建设的已有成果，融入扶贫工作大局，强化贫困地区气象防灾减灾、气候资源开发利用、生态文明建设等工作，切实发挥气象服务与气象灾害防御在贫困地区脱贫摘帽过程中"趋利避害、减灾增收"的独特作用。

2 叙永县气象灾害防御工作的指导思想、原则和目标

2.1 指导思想

　　坚持以科学发展观为指导，充分发挥政府各部门、基层组织、各企事业单位在防灾减灾中的作用，综合运用科技、行政、法律等手段，提高全社会防灾减灾意识，全面提高气象灾害防御能力，保障人民群众生命财产安全、经济发展和社会和谐稳定。

2.2　规划原则

习近平总书记指出：要坚持以防为主、防抗救相结合，坚持常态减灾和非常态救灾相统一，努力实现从注重灾后救助向注重灾前预防转变，从应对单一灾种向综合减灾转变，从减少灾害损失向减轻灾害风险转变。"两个坚持"和"三个转变"是当前和今后一个时期我们必须遵循的原则。

2.2.1　坚持以人为本

在气象灾害防御中，把保护人民的生命财产放在首位，完善紧急救助机制，最大限度地降低气象灾害对人民生命财产造成的损失。改善人民生存环境，加强气象灾害防御知识普及教育，实现人与自然和谐共处。

2.2.2　坚持预防为主

气象灾害防御立足于预防为主，防、抗、救相结合，非工程性措施与工程性措施相结合。坚持预防为主，要大力开展防灾减灾工作，集中有限资金，加强重点防灾减灾工程建设，着重减轻影响较大的气象灾害，并探索减轻气象次生灾害的有效途径，从而实行配套综合治理，发挥各种防灾减灾工程的整体效益。

2.2.3　坚持统筹兼顾，突出重点

气象灾害防御实行统一规划，突出重点，兼顾一般，分步实施。采取因地制宜的防御措施，按轻重缓急推进区域防御，逐步完善防灾减灾体系。集中资金，合理配置各种减灾资源，减灾与兴利并举，优先安排气象灾害防御基础性工程，加强重大气象灾害易发区的综合治理，做到近期与长期结合、局部与整体兼顾。

2.2.4　坚持依法科学防灾

气象灾害的防御要遵循国家和四川省有关法律、法规及规划，并依托科技进步与创新，加强防灾减灾的基础和应用科学研究，提高科技减灾水平。经济社会发展规划以及工程建设应当科学合理避灾，气象灾害防御工程的标准应当进行科学的论证，防灾救灾方案和措施应当科学有效。

2.3 规划目标

2.3.1 总体目标

加强气象灾害防御监测预警体系建设，建成结构完善、功能先进、软硬结合、以防为主和政府领导、部门协作、配合有力、保障到位的气象防灾减灾体系，提高全社会防御气象灾害的能力。到2020年，气象灾害造成的经济损失占地区生产总值的比例减少20%，人员伤亡减少30%；工农业经济开发以及人类活动控制在气象资源的承载范围之内，城乡人居气象环境总体优良。

2.3.2 近期目标（2018—2020年）

按照叙永县经济社会发展总体规划、任务和要求，加快气象防灾减灾工程和非工程体系的建设。到2020年，建成适应需求、结构完善、功能先进、保障有力的气象现代化体系，基本建成适应叙永县经济与社会发展的气象防灾减灾体系。重大活动和突发事件气象保障达到同期全市先进水平。公众气象服务满意度保持在90分以上，公共气象服务和气象防灾减灾效益显著提高。"政府主导、部门联动、社会参与"的气象防灾减灾工作机制更加完善。气象灾害监测预报能力进一步增强,气象预警信息公众覆盖率超过95%。公共气象服务多元供给格局逐步形成,市场机制作用得到充分发挥。

2.3.3 远期目标（2020—2030年）

到2030年,建成覆盖全县主要生态安全屏障区和生态环境脆弱区的以生态气象地面观测站为核心的气象观测网络,建立县生态气象业务服务体系和生态气象服务平台。开展天气气候对生态环境和生态建设的影响评估。建立适应叙永县生态文明建设需求的人工影响天气标准化作业基地网络,对接省级、市级体系,建立省、市、县三级统一协调、上下联动、逐级指导的人工影响天气业务体系。地面作业现代化水平与实施能力得到明显增强,协调指挥与安全监管水平得到显著提升。

建成适应现代农业发展需求,满足粮食安全保障需要,结构科学、布局合理、功能先进的现代农业气象服务体系。建成以作物模型和遥感分析为核心技术、功能齐全、系统结构完善的一体化农业气象服务平台,增强气象服务科技支撑。创新气象为农服务方式,气象为农业服务能力明显提高,实现传统农业气象业务服务向现代农业气象业务服务的转变。

数值天气预报能力达到全市先进水平,数值天气预报模式水平分辨率达到 10 千米，可用预报时效接近 8.5 天，区域数值天气预报模式水平分辨率达到 3~5 千米。气候预测模式水平分辨率达到 30 千米，暴雨预报准确率达到全市先进水平，接近同期全省先进水平。

3 叙永县自然环境与社会经济现状

3.1 地理位置

"作西蜀千年屏障,会当秋登绝顶,看滇池月小,黔岭云低。"这是著名爱国将领蔡锷将军护国讨袁时留驻叙永的咏叹。叙永县位于四川盆地南缘,云贵高原北端,地处川、滇、黔三省结合部,长江上游与赤水河上游之间,历为边陲重镇、商旅孔道、革命老区、巴蜀名城,素有"川南门户""鸡鸣三省"之美誉。县境东面与四川泸州市古蔺县、南面与贵州省毕节地区、西面与四川宜宾市兴文县、北面与四川泸州市纳溪区等地毗邻;东北面与四川泸州市合江县、贵州省赤水市,东南面与四川泸州市古蔺县,西南面与云南省镇雄县、威信县，西北面与四川宜宾市兴文县等地接壤。叙永县地跨东经 105°03′—105°40′，北纬 27°42′—28°31′。东西宽 54.3 千米，南北长 94.9 千米，面积 2976.6 平方千米。叙永县位置示意图如图 3-1 所示。

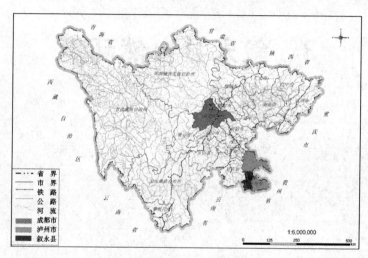

图 3-1　叙永县位置示意图

3.2　地形地貌特征

叙永县属盆缘山地地貌，地势由北向南逐渐升高。境内最低为县北江门峡观音桥河边，海拔 247 米；最高为县南罗汉林羊子湾梁子高峰，海拔 1902 米；高差 1655 米，一般相对高度 300~600 米。东北鸡罩山、木鸡公梁子纵切，有三岔河、合乐营等中山盆地宽角；北部高木顶、青山岩之间，为众多高低不一的馒头式山麓；南部猫儿山经终南山至罗汉林横切，形成永宁、赤水两条河流的大分水岭，山势南北倾斜，为多地垒式山地、山间盆地窄角，属低、中山区。叙永县素为"南山区、北丘陵"之地形，其高程分析图、坡度分析图分别如图 3-2、图 3-3 所示。

全县分布最广的地貌为构造地貌，岩溶地貌也有少量分布，局部地区还有流水地貌。地貌按其他表形态特征，可分为丘陵冲谷区、低山槽谷区、中山峡沟区。

丘陵冲谷区多为构造地貌，包括单斜中丘、单斜深丘两个单元。单斜中丘主要分布于县北低背斜翼部，多为沙溪庙组和遂宁组地层形成的单面倾斜山丘，海拔为 300~400 米，相对高度为 40~80 米，山丘间冲谷宽度一般为 20~80 米。单斜深丘主要分布于县北及县城周围的向斜和背斜翼部，俗称为沿岩足一带，为自流井群和蓬莱镇组地层形成的起伏的朝一面倾斜的山丘，海拔 400~500 米，相对高度为 60~120 米，山丘冲谷宽度为 10~50 米。

低山槽谷区为构造地貌，兼部分岩溶地貌，分单斜低山、褶皱低山、峰丛低山三个地貌单元。单斜低山主要分布于县境北缘、东北面及东面向斜槽部，系白垩系夹关组地层形成单面山，海拔 600~1200 米，坡顺倾向内斜，坡长数百至数千米。对峙山两坡组成宽度不一的谷沟，宽数米至数百米。褶皱低山主要分布于县境西部及中部高背斜翼部，低背斜核部及向斜山槽部，为三叠系、部分二叠系、志留系地层形成的连绵起伏山岭。岭间分布有形状不一、面积不等的溶蚀槽坝和沟谷，海拔 500～1100 米。区内雷口坡组和嘉陵江组地层溶蚀，主要为飞仙关组和须家河地层形成的对峙延伸山岭，俗称油沙坡和冷沙梁子。峰丛低山的分布、海拔高度均与褶皱低山相同，属二叠系、三叠系灰岩经溶蚀后形成的柱状山峰。

中山狭沟区位于县南部，属构造地貌、岩溶地貌，包括槽盆中山、狭沟中山两个单元。槽盆中山主要分布在县境南部高背斜翼部，为二叠系、奥陶系、寒武系灰岩溶蚀后形成形状不一的开阔槽谷和洼地，俗称坪子地。海拔1000～1300 米，地势较平缓开阔，地层较深厚。狭沟中山主要分布于县南及西南边缘高背斜核部和翼部，由寒武系、奥陶系、志留系地层经褶皱和切割而成。海拔 1000～1900 米。

图 3-2　叙永县高程分析图

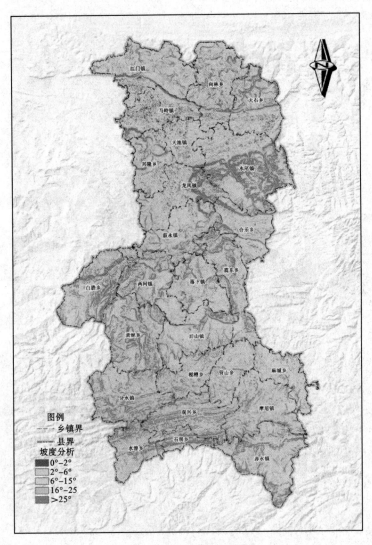

图 3-3　叙永县坡度分析图

3.3 地质构造特征

　　叙永县境构造多为环形，鼻状背斜地层呈"U"形。新老地层分布无南北之分，倾角较大，断层、裂隙亦多。全县大小断层近百处，最短1400米，最长2900米，以压性断层为主，多出现在高背斜处。大断层多呈东西向，小断层多呈南北向。县境内出露最老地层为寒武系，最新地层为第四系。中南部非红层区岩性以页岩、泥灰岩和灰岩夹泥岩为主。该类岩石岩性较软，易风化，主要分布在河谷地带，多呈松散状，透水性好，雨季极易形成滑坡、泥石流，造成灾害。

　　叙永县所处大地构造单元属扬子准地台娄山弧形箱状褶皱及滇东北新华夏系构造体系，以华夏式多字形构造体系发育最丰富，由8个背斜、6个向斜组成（图3-4）。"四川运动"是本区的主要构造运动，它使得白垩纪及其以前地层全面褶皱，形成今南北向和东西向构造交错、岩层节理裂隙发育、岩体完整性差之构造概貌，易于发生地质灾害。

　　象鼻场向斜位于县北，东起凤凰山，西止长春乡，由白垩系夹关组构成宽缓槽部，两翼发育于夹关组、蓬莱镇组，南翼岩层倾角8°~27°。

凤凰山向斜位于县东北，东起三河乡，经大尖山、鸡罩山、凤凰山，止于青山岩，呈弧岛状，由白垩系夹关组构成槽部，侏罗系蓬莱镇组、遂宁组、沙溪庙组构成两翼。北翼岩层倾角8°~25°，南翼岩层倾角15°~30°。

高木顶背斜位于县境北，呈东西向。核部地层为三叠系须家河组，两翼发育于侏罗系。北翼岩层倾角20°~25°，南翼岩层倾角25°~30°。

马岭隐伏背斜位于县境北，呈北西向。核部为侏罗系沙溪庙组构成，四周为遂宁组、蓬莱镇组发育而成。岩层倾角10°~30°。

威信长官司-叙永向斜位于县境西，呈东西向，东起鱼凫乡，西止高峰乡。槽部为侏罗系沙溪庙组地层，两翼为三叠系地层。北翼岩层倾角15°~25°，南翼岩层倾角15°~40°。

大安山向斜位于县东南，西起白腊乡，东至合乐乡。槽部由三叠系须家河构成，两翼对称为三叠系、二叠系地层，倾角15°~25°。

落窝（正东）背斜位于县境南，轴短，形如构造鼻，起于正东乡，止于大树乡，由志留系韩家店组构成，两翼不对称，北翼迭次出露二叠系、三叠系，倾角10°~25°。

茶叶沟背斜位于县西南，南北向，南起分水乡，北至乐郎乡。核部为寒武娄山关群地层，两翼迭次出露奥陶系、志留系、二叠系。槽部为侏罗系沙溪庙组地层。

峰岩沟鼻状背斜位于县境内，呈南北向，轴短，起于枧槽乡北部，止于海坝乡。核部为奥陶系五峰组地层，两翼为志留系构成，岩层倾角大于 40°。

三锅庄鼻状背斜位于县东南，起于营山乡，经长秧、后山至普站。最老地层为奥陶系临湘组，最新地层为志留系韩家店组。

倒流河向斜位于县境南，呈东西向，东起观兴乡，西止路井乡。槽部为侏罗系沙溪庙组地层，两翼依次出现侏罗系自流井群、三叠系、二叠系地层，倾角 10°~45°。

莫拉坳背斜位于县境南，东起观兴、石坝两乡，西至水潦、坛厂乡。棱部为寒武系娄山关群地层，两翼依次出现奥陶系、志留系、二叠系、三叠系地层，岩层倾角 35°~65°。

河坝向斜位于县境南部，东西走向，东起于麻城、营山，西至枧槽乡、分水镇。

金沙-麻城背斜位于县境南部，东北—西南走向。地层展布紊乱，核部最老层为寒武系娄山关群，在金泥、麻城、寨和、海风等乡境内陆续出露。两翼地层有断层缺失现象，系、组排列顺序无常，岩层倾角大小不等。

赤水河向斜西起云南省，向东延伸，在中段越过赤水河进入贵州省，轴面倾向北，核部最新地层为侏罗系上统沙溪庙组。

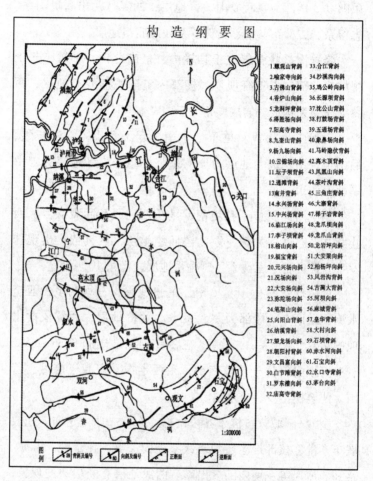

图 3-4　叙永县构造纲要图

3.4 气候特征——"晒不干的永宁"

叙永县属亚热带季风气候。其特征为：降水充沛，冬季微冷，气候温和；春季冷空气活动频繁，低温阴雨常有；夏季炎热，焚风效应突出，雷暴出现次数频繁，为多雷区；易发生大风、冰雹等地方性强对流天气。秋绵雨来得早且持续时间长，故有"晒不干的永宁"之说。

受整个叙永的海拔高度由北向南递增的影响，北部最低海拔 247 米与南部最高海拔 1902 米差异较大，呈现出北暖南寒、最南部干热河谷的立体气候特征，导致叙永县适宜多种作物种植，并呈区域性分布。以后山—海坝梁子一线为界，中、深丘和低山地带，为暖湿气流的迎风面，热量丰富，雨量充沛，其年平均气温 18℃ 左右，极端最高气温 43.5℃；年平均降雨量 1124.1 毫米，年平均日照时数1132.4 小时；相对湿度 80% 左右，全年主导风向为西北偏北。山脚、山谷地带常遭受焚风、强暴雨和冰雹灾害袭击，春播、秋播期间常受寒潮、绵阴雨影响。

南侧为背风面，因临近赤水河干热河谷，气候干燥，年降雨量仅 848 毫米，形成中山区气候区，气温比北面低4.7℃ 左右，最低气温 −8.5℃，雾日多（180 天左右），湿度大（相对湿度 90%以上）。南部常受大风、冰雹和冻害影响，沿中山区南麓的赤水河河谷地带又属干热气候，年平均温度 17.7℃，是旱象经常发生的地带。

境内不同地貌区域主要气象要素详见表 3-1。

表 3-1　　叙永县不同地貌类型气象要素一览表

地貌	海拔高（m）	年平均气温（℃）	年积温（℃）	年降水量（mm）	四季降雨比重（%）				日照时数（小时）
					春	夏	秋	冬	
丘陵区	337.5	17.3~18.4	>6000	1100~1200	24	42~45	24	7~10	900~1400
低山区	845	13.6~17.3	5000~6000	1200~1450	22.3	43.6	24.6	10	800~1200
中山区	1200	13.3	3400~4500	1100	39.4	30	19.2	11.4	643~1043

3.5　河流水系

叙永县境内河流众多，共有 42 条，其中常年有水可供利用的 33 条，均属长江水系。县境内河流随山势呈羽状分布，形成赤水河、永宁河两大水系，以流域分布状况又可划分为 5 个小水系：水尾河水系、倒流河水系、永宁河水系、马蹄河水系、象鼻河水系。在所有的河流中，流域面积大于 500 平方千米以上的有永宁河、赤水河、水尾河、南门河、古宋河。叙永县流域水系分布图见图3-5。

图3-5 叙永县水系分布图

3.5.1　赤水河

赤水河，古称赤虺河、大涉水、安乐水、齐朗水、安乐溪、之溪等，因暴雨之后，河流含沙量高，水色黄赤而得名。赤水河发源于云南省镇雄县北部的两河乡花果顶梁子，海拔 2000 米，流域集水面积约 20 440 平方千米，河长520 余千米，天然落差 1588 米，平均坡降约 3‰；流经云、贵、川三省，在叙永县西南水潦乡入境，入境点为云、贵、川三省交界处，流经水潦乡、赤水镇，向东流经古蔺县南，入贵州省，再向北，在合江县城的南关上处汇合流入长江，汇合口海拔高程为 210 米，干流全长 450 千米，流域面积为20 440 平方千米。海拔高差 17.6 米，年径流总量为 101 亿立方米，常年平均流量为 260 立方米/秒。洪期含沙量为0.93 千克/立方米，年输沙量达 718 万吨。赤水河是叙永县和黔北主要航道，负担着贵州省赤天化厂等单位的绝大部分运输任务。

3.5.2　永宁河

永宁河系长江上游右岸一级支流，发源于叙永县南部山区，上游有南门河、东门河两源（南门河流域面积 538平方千米，东门河流域面积 410 平方千米）在叙永县城相汇。永宁河贯穿叙永县境，由南向北经歇滩子、江门、大州驿、纳溪城区注入长江。干流长约 152.3 千米，叙永至河

口约 113.5 千米，全流域面积 3228 平方千米。支流古宋河
于江门镇上游汇入永宁河，流域面积 741 平方千米。本地区
属四川盆地南缘山地，紧靠云贵高原，一般海拔 600~1100
米，由西南向东北倾斜。上游水系发育，河谷狭窄，纵坡
变化大，中下游河谷开阔，坡降平缓。

3.6　土地利用与土壤

　　叙永县总面积 2977 平方千米。其中：耕地 781.6 平方
千米，园地 40.4 平方千米，林地 1648.47 平方千米，草地
147.53 平方千米，城镇村及工矿用地、交通运输用地、水
域及水利设施用地、其他土地等共 355.13 平方千米。叙永
县土地利用现状如图 3-6 所示。

　　叙永县土壤主要为山地黄壤，其次是紫色土和水稻土。
山地黄壤分布于海拔 1000 米以上的中山地区，成土母岩为
三叠系（除飞仙关组）至寒武系的砂岩、页岩、板岩等。
由于矿物质的化学风化作用较强烈，故一般土体深厚，全
剖面以黄色为基调，层次分化不太明显，呈微酸至中性反
应，pH 值为 5.5~7，有机质含量 2.1%~7.9%，全磷含量
0.08%~0.13%，全氮含量 0.15%~0.40%，全钾含量 3.6%

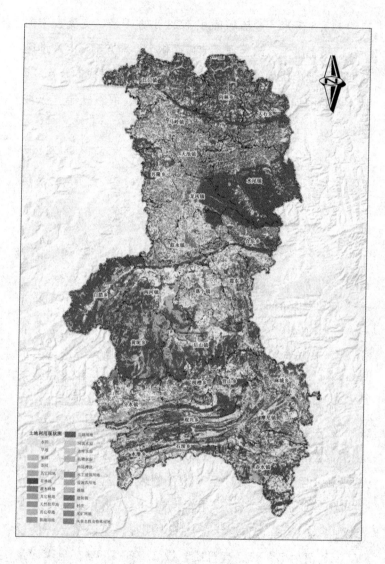

图 3-6　土地利用现状图

~4.9%。紫色土分布于海拔 1000 米以下的低山、丘陵区，由侏罗系和三叠系飞仙关组的紫色砂岩、泥岩风化发育而成。该土类在生物气候条件下，风化速度快，铝化度高，淋溶作用强，土层厚度一般 40~90 厘米，pH 值为 5~7，质地多为壤土，含矿物质养分丰富，自然肥力高。

3.7　植被类型

叙永县植被属川东盆地偏湿性常绿阔叶林亚带，娄山北侧东端植被小区。由于境内雨热条件优越，自然植被发育较好，植物种类繁多，根据叙永县林业志记载，仅乔灌木种类达 79 科，331 种。原生的常绿阔叶林组成种类繁多，层片结构复杂，生长茂密，特别是山茶科、山毛榉科、樟科的植物十分丰富。全区有以杉、松、柏为主的针叶树 9种，以樟、檫、喜树、泡桐、板栗为主的阔叶树 40 多种，有楠竹、绵竹、方竹等 20 多种，还有核桃、油茶、柿、桃、樱桃等经济树种。在马岭青山岩清凉洞、水尾凤凰、大石岩区发现有成片桫椤树。丹山旅游区的 1000 余株鹅掌楸，为珍贵树种。

3.8   自然资源

叙永县素有"川南林乡"之誉，为国家速生丰产用材林基地县，曾多次荣获"全国绿化先进县""国家造林项目先进县"称号。全县有林地面积 14 万余公顷，其中竹林 3.3 万公顷，森林覆盖率 45.2%，活立木总蓄积 550 余万立方米，年可产商品材 5 万立方米、楠竹 50 万根、竹材 10 万吨、鲜竹笋 5 万吨以上，漆树、五倍子、棕树、核桃、板栗、油桐、油茶等经济林木也在不断发展。全县林业可为造纸业提供丰足的原材料，尤以竹笋产品独具特色，其中大竹笋、苦竹笋、罗汉笋、玉兰片更是深受世人青睐，畅销国内外县场。

叙永县境内矿藏资源丰富，有煤、硫铁矿、石灰石、高岭土、方解石、石英砂、页岩、白云岩、耐火黏土、褐铁矿、含铜砂岩等 29 种矿产可供开发利用。其中：无烟煤隶属川南古叙煤田，已探明地质储量 16.4 亿吨，可采储量 9.8 亿吨，质优易采；硫铁矿已探明储量 11.94 亿吨，矿层稳定，品位高，易开采；石灰岩估算储量上百亿吨，质地纯净，品位高，能满足高标号水泥生产的原料要求；石英砂储量 7.5 亿吨，易于露天开采，是川南极少有的优质石英砂资源；页岩遍布全县各地，质优易采，可广泛用于普通建筑砖瓦及水泥原料。

叙永县风景名胜众多，水流、瀑布、森林、古观、岩墓、木雕、石刻均各具特色。国家文物保护单位春秋祠，以精美的木、石雕刻闻名于世，被载入中国名胜大词典；省级风景旅游区丹山（丹霞地貌），宋元以来即为川南道教圣地，名家所题摩崖石刻数十处，山势雄奇幽险，森林碧海万顷；天生桥、龙泉洞等为国内罕见的喀斯特地貌溶洞群，景观宏伟，奇特幽深；清凉洞、天洞寺有明代摩崖造像三百余尊，庄重典雅，精美绝伦；国家级自然保护区画稿溪，山水交融，桫椤遍布，古木参天，清流跌宕，飞瀑悬帘。

3.9 社会经济和产业发展现状

3.9.1 社会经济现状

叙永县行政区划为 25 个乡（镇），其中辖 20 个镇、5 个乡（苗族乡 3 个，彝族乡 2 个）。到 2017 年全县总人口 72.5 万人，其中农业人口 55 万人。叙永县是乌蒙山特困地区片区县、国家级扶贫开发工作重点县、四川省一类革命老区。

2017 年全年，叙永民营经济增加值 68 亿元，占全县生产总值的 58.9%，同比增长 7.9%，增速比地区生产总值的增速高 0.2 个百分点。分产业看，第一产业民营经济增加值 6.1 亿元，同比增长 2.5%；第二产业民营经济增加值 35 亿元，同比增长 8.8%；第三产业民营经济增加值 26.91 亿元，同比增长 7.9%。

3.9.2 产业发展现状

3.9.2.1 粮食

到 2017 年粮食种植面积 6.06 万公顷，产量 24.6 万吨。其中小麦种植面积 252 公顷，产量 410 吨；稻谷种植面积 1.82 万公顷，产量 11.4 万吨；玉米种植面积 1.77 万公顷，产量 6 万吨；油料种植面积 3210 公顷，油料产量 5646 吨；糖料种植面积 93 公顷，产量 2094 吨。

3.9.2.2 烤烟

叙永县是全省烤烟种植区划中最适宜区县之一，烤烟种植历史悠久，是全国优质烟叶生产基地县，所种植的烟叶曾八次荣获全国金奖。叙永优质烟叶已漂洋过海，远销欧洲。到 2017 年，叙永县共 12 个种烟乡镇、3769 户种烟农户，产值约 1.8 亿元，户均收入约 4 万多元。全县建成了分水—黄坭、观兴—石坝—水潦、麻城—营山、摩尼—赤水 4 个大型优质精品烤烟种植基地,建成了枧槽—后山、合乐 2 个小型优质精品烤烟种植基地。

3.9.2.3 林竹

叙永县是全国造林绿化先进县、世界银行贷款国家造林项目先进县、四川省速生丰产用材林基地县、四川省竹林基地建设重点县、四川省林业产业十强县。叙永县现代林业产业基地面积共 1486.66 平方千米(包括竹基地 820 平方千米),全县森林覆盖率达 53.8%。近年来叙永县大力发展林竹产业,北部乡镇的竹业发展迅速,通过政府的调控,已从原来的纯卖料秆发展到了多种经营,从鲜竹笋到深加工、从竹片到深加工均形成了一定的市场。总投资 11 亿元的江门竹浆项目是全省 100 个重点支持项目之一,目前已进入试生产阶段。项目原料基地覆盖叙永县 16 个乡镇,该项目每年消耗的鲜竹材 80 万吨,将带动叙永竹农每年获得 4 亿元以上收入,实现竹区乡镇人均增收 918 元,竹区贫困人口人均增收 1426 元以上。

3.9.2.4 畜牧

叙永县畜牧业发展历史悠久,有久负盛名的川南山地黄牛、叙永水牛、丫权猪、丰岩乌骨鸡等地方优良品种,是全国桔秆氨化养牛示范和商品牛生产基地县、国家优质生猪战略保障基地县、四川省生猪调出大县。2017 年,生猪存栏 34.46 万头，出栏 41.92 万头。牛存栏 12.78 万头，出栏 3.23 万头。羊存栏 1.52 万只，出栏 0.67 万只。肉类总产量 3.59 万吨，其中猪肉产量 3 万吨，牛肉产量 4005吨，羊肉产量 129 吨，禽肉产量 1925 吨。禽蛋产量 1162吨，牛奶产量 90 吨。2017 年叙永县 100 万头优质生猪产业化精准脱贫项目工程——10 000 头种猪场项目开工建设，将建成四川省规模最大的种猪场。该项目预计 2020 年建成投产，可实现年收入 20 亿元以上。

3.9.2.5　茶叶

叙永县是全省绿色食品 A 级茶基地，是茶树的原产地之一，历来是泸州市产茶大县，种茶、制茶历史悠久。得天独厚的自然条件，悠久的种茶制茶历史，使茶叶产业成为叙永县农民增收的一个重要来源。全县茶叶基地面积超过 26 平方千米，年产茶叶 2070 吨，主要产品有后山茉莉花茶、后山春螺、后山毛峰、草坪翠芽、红岩春茶等，曾获农业部和四川省优质农产品奖、中国西部"陆羽杯"金奖。

3.9.2.6　果蔬

叙永县依托赤水河独特的气候和地理条件，引进企业，依托赤水河流域的甜橙、冰脆李等特色水果产业，在赤水河流域的水潦彝族乡、石厢子彝族乡、赤水镇打造特色经果产业带。目前已建成以赤水河流域为主的鲜食精品商品果产业带和沿 321 国道为主的产业带柑橘示范基地超过 66

平方千米。叙永县蔬菜主要自产自销，多以"粮-菜"轮作、"烟-菜"轮作的模式进行生产，在中南部高山地区有一定规模的高山蔬菜，到 2017 年已建设高山蔬菜产业基地达 66 平方千米。

4 叙永县气象灾害
及其特征

　　当前全球气候正经历一次以变暖为主要特征的显著变化，人类活动加剧了全球 50 多年的普遍增温。在此背景下，持续的气候变暖已经对全球的生态系统以及社会经济系统产生了明显而又深远的影响，极端天气气候事件的频繁发生以及气候突变发生的潜在可能性使人类的生存和发展面临着巨大挑战。

　　受全球气候变化影响，叙永县也面临着各种极端气象灾害的侵扰。气象灾害的强度和频率也在不断升级。暴雨、干旱、高温热浪、冰雹、寒潮、低温、霾等极端天气对农业、畜牧业、渔业、旅游业和交通安全等都带来了不同程度的影响。由气象灾害所引发的洪水、泥石流、山体滑坡等衍生灾害和次生灾害对经济社会发展、人民生命财产安全以及生态环境造成了较大的影响，因气象灾害所造成的经济损失也有加大趋势。

4.1 高温

4.1.1 高温的定义

气象上，日最高气温达到或超过 35℃ 时称为高温。高温天气是暖气团控制下的温度较高的炎热天气，连续数天（3 天以上）的高温天气过程称为高温热浪（或称为高温酷暑）。造成持续高温天气的原因很复杂，但副热带高气压系统无疑是高温天气持续出现的直接原因。

高温主要分为两类：干热型和闷热型。气温极高、太阳辐射强而且空气湿度小的高温天气，被称为干热型高温。在我国夏季北方地区如新疆、甘肃、宁夏、内蒙古、北京、天津、河北等地经常出现。由于夏季水汽丰富，空气湿度大，在气温并不太高（相对而言）时，人们的感觉是闷热，就像在蒸笼中，此类天气被称为闷热型高温。由于出现这种天气时人感觉像在桑拿浴室里蒸桑拿一样，所以又称"桑拿天"。闷热型高温在我国沿海及长江中下游，以及华南等地经常出现。而叙永县高温天气就属于典型的闷热型高温天气。

4.1.2　高温的危害

　　高温天气对人体健康的主要影响是产生中暑以及诱发心脑血管疾病导致死亡。人体在过高环境温度作用下，体温调节机制暂时发生障碍，而发生体内热蓄积，导致中暑。中暑按发病症状与程度，可分为：热虚脱是中暑最轻度也是最常见的表现；热辐射是长期在高温环境中工作，导致下肢血管扩张，血液淤积，从而发生昏倒；日射病是由于长时间暴晒，导致排汗功能障碍所致。患有高血压、心脑血管疾病的人群，在高温、潮湿、无风的低气压的环境里，排汗受到抑制，体内蓄热量不断增加，心肌耗氧量增加，心血管处于紧张状态，同时由于闷热血管扩张，血液黏稠度增加，易发生脑出血、脑梗死、心肌梗等症状，严重的可能导致死亡。

　　在农作物方面，植物受高温伤害后会出现各种症状：树干易出现干燥、裂开；叶片出现死斑，叶色变褐、变黄、鲜果出现日灼，严重时整个果实死亡；出现雄性不育，花序或子房脱落等异常现象。高温会使植株叶绿素失去活性、阻碍光合作用正常进行，降低光合速率，消耗量大大增强，使细胞内蛋白质凝集变性，细胞膜半透性丧失，植物的器官组织受到损伤；高温还能使光合同化物输送到穗部和籽粒的能力下降，酶的活性降低，致使灌浆期缩短，籽粒不饱满，产量下降。高温对作物的影响和危害，一般以水稻危害较为明显。水稻开花期遇到35℃高温时，花粉粒破裂而失去授粉能力，造成空粒。高温还会引起蔬菜落花，使坐果率降低，对生长发育均带来不利影响。

此外，高温天气会给交通、用水、用电等方面带来严重影响。

4.1.3　叙永县高温天气特征

叙永县高温天气一般出现在 6—8 月，在过去 20 年（1997—2017 年）里出现的最高气温为 43.5℃（2011 年），有 13 年出现的最高气温超过 40℃，全年平均气温基本在 17.5～19℃。

由于叙永地势北低南高，所以夏季受副高控制吹偏南风时，易形成焚风效应，导致叙永夏季高温日数常高于其他区县。

4.2　干旱

4.2.1　干旱的定义

干旱通常指淡水总量少，不足以满足人的生存和经济发展的气候现象。一般是长期的现象，干旱从古至今都是人类面临的主要自然灾害，即使在科学技术如此发达的今天，它造成的灾难性后果仍然比比皆是。尤其值得注意的是，随着人类的经济发展和人口膨胀，水资源短缺现象日趋严重，这也直接导致了干旱地区的扩大与干旱化程度的加重，干旱化趋势已成为全球关注的问题。

4.2.2　干旱的分类

（1）气象干旱：不正常的干燥天气时期，持续缺水足以影响区域，引起严重水文不平衡。

（2）农业干旱：降水量不足的气候变化，对作物产量或牧场产量足以产生不利影响。

（3）水文干旱：在河流、水库、地下水含水层、湖泊和土壤中低于平均含水量的时期。

《气象干旱等级》国家标准将干旱划分为五个等级，并评定了不同等级的干旱对农业和生态环境的影响程度。

（1）无旱：正常或湿涝，特点为降水正常或较常年偏多，地表湿润。

（2）轻旱：特点为降水较常年偏少，地表空气干燥，土壤出现水分轻度不足，对农作物有轻微影响。

（3）中旱：特点为降水持续较常年偏少，土壤表面干燥，土壤出现水分不足，地表植物叶片白天有萎蔫现象，对农作物和生态环境造成一定影响。

（4）重旱：特点为土壤出现水分持续严重不足，土壤出现较厚的干土层，植物萎蔫、叶片干枯、果实脱落，对农作物和生态环境造成较严重影响，对工业生产、人畜饮水产生一定影响。

（5）特旱：特点为土壤出现水分长时间严重不足，地表植物干枯、死亡，对农作物和生态环境造成严重影响，对工业生产、人畜饮水产生较大影响。

4.2.3 叙永县干旱的形成原因、类型及实例

4.2.3.1 叙永县干旱的形成原因

叙永干旱的形成主要受大气环流和地形地貌的影响。

大气环流作用：叙永县天气主要受极地干冷空气团和热带暖湿气团季节性交替活动影响。冬半年，受西风带环流控制，盛行内陆干冷气流，降水少。春季，主要受西亚高空脊东移和北方南下干冷气团以及云贵高原准静止锋等天气系统影响，气温回暖快，时有暖性高压滞留，使天气长时间晴好无雨，出现春旱。初夏，受西风带天气系统、青藏高压和西南季风影响，若青藏高压活动频繁时，出现连晴少雨天气，形成夏旱。盛夏，当西太平洋副热带高压西伸北上，冷暖气团交锋带移到华北地区，此时，受西太平洋副热带高压控制，出现持续高温酷热天气，形成伏旱，若青藏高压与副高合并叠加，伏旱持续发展，旱情加重。

地形作用：叙永县地形地貌复杂，县境内南北高差

1655 米，气流通过深沟窄谷，产生"狭管"效应，风力加大，常形成干燥焚风，危害农作物。当太平洋高压东撤西退，西风带低压东移时，常产生雷暴、大风、暴雨、冰雹等灾害。秋季，西风带南侵，夏季风减弱，气温逐步降低。当夏季风退步缓慢时，出现秋旱。

4.2.3.2 叙永县干旱的类型

叙永县干旱根据不同季节分为冬干、春旱、夏旱和伏旱之分。

（1）冬干：冬季（12月至次年4月）任意一月降水量小于累年平均值的50%。叙永县在近49年中共出现冬干11次，持续时间最长为75天（1993年12月17日—1994年3月1日，降水量为29.6毫米）。

（2）春旱一般出现在3—4月。叙永县在近49年中出现春旱24次，持续时间最长为47天（1998年2月22日—4月10日，降水量为24.1毫米）。

（3）夏旱：（4月下旬—6月）连续20天内总降雨小于30毫米时段；连续20天降水量小于30毫米时段及其累计天数为20~29天为旱；连续50天或以上日平均降水量小于1.5毫米为特重旱。叙永县在近49年中，共出现夏旱12次，持续时间最长为39天（1969年4月5日—5月13日）。

（4）伏旱：伏旱指6月下旬—9月上旬时间内出现的干旱，其标准是：连续20天内总降水量小于等于35毫米。叙永县在近49年中，共出现伏旱31次，持续时间最长为43

天（2003 年 7 月 20 日—8 月 31 日，降水量为 27.9 毫米）。

4.2.3.3　叙永县干旱实例

2005 年 6 月 18 日—7 月 12 日，叙永县麻城乡镇因干旱受灾 17 422 人，其中 4480 人饮水困难，全乡农业经济作物损失 473.6 万元，粮食损失 468 万元，合计损失 941.6 万元。

2006 年 3 月 13 日—4 月 20 日，叙永县 26 个乡镇成灾村 150 个，农作物受灾面积 200 平方千米，共计 6.735 万人饮水困难。全县 26 个乡镇全部受灾，粮食损失 2705 万千克，经济损失 3850 万元，经济作物损失 2650 万元，畜牧业经济损失 190.83 万元。

2011 年 6 月 28 日—8 月 31 日，叙永县持续降雨偏少，降水仅为 149.3 毫米，比历史同期偏少 57%，其中无雨日达40 日，是近年来叙永县出现干旱灾害最严重的一次。

4.3　暴雨

4.3.1　暴雨的定义

暴雨，从字面意思上可以看出是指降雨强度和降雨量相当大的雨，常在积雨云中形成。我国除个别地区外，通常将 1 小时降雨量 16 毫米及以上，或 12 小时降雨量 30 毫米及以上，或 24 小时降雨量 50 毫米及以上的降水称为"暴雨"。暴雨往往容易造成洪涝灾害和严重的水土流失，导致工程失事、堤防溃决和农作物被淹等，导致人员伤亡和重大经济损失。

暴雨按其降水强度大小又分为三个等级，即 24 小时降水量为 50~99.9 毫米称为"暴雨"，降水量为 100~249.9 毫米称为"大暴雨"，降水量在 250 毫米以上称为"特大暴雨"。但由于各地降水和地形特点不同，所以各地暴雨洪涝的标准也有所不同。特大暴雨是一种灾害性天气，往往造成洪涝灾害和严重的水土流失，导致工程失事、堤防溃决和农作物被淹等重大的经济损失。特别是对于一些地势低洼、地形闭塞的地区，雨水不能迅速宣泄从而造成农田积水和土壤水分过度饱和，会造成更多的灾害。

按照发生和影响范围的大小将暴雨划分为：局地暴雨、区域性暴雨、大范围暴雨和特大范围暴雨。

局地暴雨历时仅几个小时或几十个小时左右，一般会影响几十至几千平方千米，造成的危害较轻。但当降雨强度极大时，也可造成严重的人员伤亡和财产损失。

区域性暴雨一般可持续 3~7 天，影响范围可达 10 万~20 万平方千米或更大，灾情为一般。但有时因降雨强度极强，可能造成区域性的严重暴雨洪涝灾害。

特大范围暴雨历时最长，一般都是多个地区内连续多次暴雨组合，降雨可断断续续地持续 1~3 个月，雨带长时期维持。

4.3.2 暴雨的形成条件

我国是个多暴雨的国家，南方多而北方少，东南沿海多而西北内陆少，夏季多而冬季少，主要出现在夏季风活跃的下半年。

暴雨的形成一般有以下三个条件：一是充足的水汽供应，暴雨的发生、发展和维持必须有丰富的水汽供应；二是强烈的上升运动会导致空气温度下降，大量水汽凝结，形成暴雨；三是大气层的不稳定层结，不稳定的大气层结一旦受到扰动破坏，会导致内部热量、能量的交换加剧，导致强烈的对流运动发生，从而产生强烈降水。

我国暴雨的水汽一是来自偏南方向的南海或孟加拉湾，而叙永县暴雨的水汽来源主要就来自这里；二是来自偏东方向的东海或黄海。我国中原地区流传"东南风，雨祖宗"，正是降水规律的客观反映。大气的运动和流水一样，常产生波动或涡旋，当两股来自不同方向或不同的温度、湿度的气流相遇时，就会产生波动或涡旋。其大的达几千千米，小的只有几千米。在这些有波动的地区，常伴随气流运行出现上升运动，产生水平方向的水汽迅速向同一地区集中的现象，形成暴雨中心。地形对暴雨形成和雨量大小也有影响。例如，由于山脉的存在，在迎风坡迫使气流上升，从而垂直运动加大，暴雨增大；而在山脉背风坡，气流下沉，雨量大大减小，有的背风坡的雨量仅是迎风坡的十分之一。

4.3.3　暴雨的衍生危害

暴雨的衍生危害主要有两种：

（1）渍涝危害。由于暴雨急而大，排水不畅易引起积水成涝，土壤孔隙被水充满，造成陆生植物根系缺氧，使根系生理活动受到抑制，加强了嫌气过程，产生有毒物质，使作物受害而减产。

（2）洪涝灾害。由暴雨引起的洪涝淹没作物，使作物新陈代谢难以正常进行而发生各种伤害，淹水越深，淹没时间越长，危害越严重。特大暴雨引起的山洪暴发、河流泛滥，不仅危害农作物、果树、林业和渔业，而且还冲毁农舍和工农业设施，甚至造成人畜伤亡，经济损失严重。中国历史上的洪涝灾害，几乎都是由暴雨引起的，像 1954 年 7 月长江流域大洪涝，1963 年 8 月河北的洪水，1975 年 9 月河南大涝灾，1998 年中国全流域特大洪涝灾害等都是由暴雨引起的。

4.3.4　叙永县暴雨洪涝灾害特点及成因

叙永县基本每年都有暴雨天气，一般出现在 6—8 月。

在过去 20 年里，叙永本站日降水量达 50 毫米共计 51 天，甚至有 5 天降水量达 100 毫米。由于叙永县境内中小河流众多，局部暴雨导致的小流域洪水和山洪灾害危害严重，同时还易诱发滑坡、泥石流等地质灾害。暴雨山洪、江河洪水和地质灾害往往是接连发生的，具有因果关系。

2001 年 7 月 7 日出现的暴雨导致 1 人失踪，24 人受伤，冲走大牲畜 165 头，农作物受灾 21.35 平方千米，毁耕地 5.04 平方千米，毁林木 14 万株 3150 立方米，通信电杆倒 564 根，毁路基 65.3 千米，毁桥 10 座，毁渠道 55 条，乐郎、马口电站被毁，高峰乡政府小学、粮站受洪水泥石流袭击损失惨重，直接经济损失 4860 万元。

2006 年 6 月 28 日，因暴雨死亡 1 人，受伤 9 人，紧急转移安置 21 690 人。同年 7 月 7 日，因暴雨死亡 2 人，失踪 1 人，重伤 3 人，紧急转移安置 27 651 人。总经济损失 8739.8 万元。

2015 年 8 月 16 日 20 时—17 日 8 时，叙永县遭受强降雨袭击，有 6 个乡镇达到大暴雨，最大降雨量达 147 毫米，最大小时雨强为 53.8 毫米，致使全县 13 个乡镇受灾，造成 63 657 人受灾，因灾死亡 14 人，因灾失踪 10 人，紧急转移安置 4784 人，造成直接经济损失 3.9 亿元。其中以白腊苗族乡受灾最为严重，造成人员伤亡、失联和财产损失。其中，房屋彻底冲毁 61 户，严重毁坏不能居住 270 户，维修尚能恢复居住 947 户，主干道彻底冲毁 12 千米，乡村道彻底冲毁 55 千米，维修可恢复通行路段 30 千米，桥梁毁坏 2 座，直接经济损失 3.2 亿元。

2017 年 6 月 21—22 日，叙永县遭受强降水暴雨天气，降雨量 90 毫米以上的有 3 个乡镇，其中摩尼镇郭庙村 18 小时降雨量达 215 毫米。暴雨造成摩尼镇、赤水镇、观兴镇、分水镇、麻城镇等 5 个乡镇不同程度受灾，估算造成经济损失 370.98 万元，其中公路中断 2 条，供电线路中断共计 4 条，农作物受灾面积 8 平方千米，因灾减产粮食 1200 吨，房屋受损共 7 间。

4.3.4.1 叙永县洪涝灾害特点

（1）季节性。叙永洪涝灾害与洪水的季节特点、时空变化一致，主要发生在汛期，其中以 7—8 月发生洪灾的频率最高。此外洪灾多发生于夜间。

（2）突发性。叙永县绝大部分暴雨山洪都由小流域局部范围内的强降雨造成。目前由于技术原因不能对降雨地点做出精确的断定，山区河流缺乏必要的水雨情监测，因此对于暴雨山洪突发的预防难度较大。

（3）危害性大。永宁河、赤水河流经叙永，发生洪水灾害损失大。暴雨山洪则是流经时间快，河流、溪沟洪水上涨迅猛，对下游的冲击较大，常发生人员死亡、房屋冲垮，公路、桥梁等设施被毁。

（4）群发性。当暴雨山洪发生时，往往伴随有山体滑坡、泥石流、岩石崩塌等地质灾害，常常形成多种灾害形式交织在一起。

4.3.4.2 叙永县洪涝灾害成因

4.3.4.2.1 自然因素

（1）叙永县的气候特点易于成灾。由于青藏高原、秦巴山岭、云贵高原的屏障作用，全县形成了不同的小气候区。由于夏季主要受西太平洋副热带高压和青藏高原高压控制，造成叙永县汛期非旱即涝，旱涝交替，洪旱灾害严重。

（2）叙永县地貌形态有山地、丘陵和河谷，山丘、丘陵地带河流比降大，且无控制性蓄水工程，暴雨形成的洪水很快下泄，呈现陡涨陡落的特征，危害性极大。永宁河、赤水河流经叙永形成河谷地区，属于经济作物集中生产区，形成洪水具有峰高量大，洪枯流量、水位变幅大的特点，永宁河、赤水河洪水造成的洪涝灾害损失极大。

（3）全球气候变化导致区域气候异常变化。太阳黑子的周期活动，厄尔尼诺及全球温室效应都会给大陆地区带来气候异常，引起洪涝灾害，这里既有世界性的共同规律，又有中国的国情特点。

4.3.4.2.2 人为因素

（1）盲目围河造地。随着城市的发展，土地资源越来越紧张，而河滩地面积大，且不占用国家土地指标，导致地方政府不断通过各种形式和手段向河道要地，致使河道变窄。

（2）倾渣入河、阻塞河道。一些地方乱倒各类弃渣，上游水土流失严重，致使河道淤积日趋严重，影响安全泄洪。

（3）占河建房，形成河障。不少场镇在建设中任意占据河道或跨河建房，人为造成河障，加重了洪灾损失。

（4）河道淤积严重，清淤不力。由于管理方式和资金的原因，绝大多数河流均未进行过疏浚，泥沙淤积严重，尽管每年汛前要求进行河道清淤疏浚，但因工程太大和资金少等因素，做得并不彻底，特别是由于近年来乱占河道滩涂及矿石开采规模加大，河床由此变得极为不规则，对两岸防洪工程造成冲击，加大了防洪的风险。

4.4 寒潮

4.4.1 寒潮的定义

寒潮是指冬半年引起大范围强烈降温、大风天气，常伴有雨、雪的大规模冷空气活动，使气温在 24 小时内迅速下降达 8℃ 以上，且最低气温在 4℃ 以下，陆地上伴有 5~7 级大风，海洋上伴有 6~8 级大风的天气。

我国位于亚欧大陆的东南部。从我国往北去，就是蒙古国和俄罗斯的西伯利亚。西伯利亚是气候很冷的地方，再往北去，就到了地球最北的地区——北极了，那里比西伯利亚地区更冷，寒冷期更长。影响我国的寒潮就是从那些地方形成的。叙永县寒潮一般出现在 11 月至次年 4 月。

4.4.2　叙永县的冷空气来源

爆发寒潮的冷空气主要来自以下三个地区：

（1）新地岛以西的洋面上。冷空气经巴伦支海、俄罗斯欧洲地区进入我国。

（2）新地岛以东的洋面上。冷空气大多数经喀拉海、泰梅尔半岛、俄罗斯进入我国。

（3）冰岛以南的洋面上。冷空气经俄罗斯欧洲南部或地中海、黑海、里海进入我国。

4.4.3　叙永县的冷空气路径

4.4.3.1　西北路

冷空气从关键区经蒙古到河套附近，再南下到长江中下游和江南地区。

4.4.3.2　东路

冷空气从关键区经蒙古到华北北部，接着冷空气主力东移，低空冷空气转向西南经渤海侵入华北、黄河下游地区，再南下到两湖盆地下游。

4.4.3.3　西路

冷空气从关键区到新疆、青海、西藏的高原东侧，再南下到西南及江南地区。

4.4.3.4　东路加西路

东路冷空气从河套下游南下，西路冷空气从青海东南下，两股冷空气常在黄土高原东侧，黄河、长江之间汇合，汇合时造成大方位的雨雪天气，接着两股冷空气合并南下。

4.5　低温冷冻

4.5.1　低温冷冻的定义

低温冷冻灾害主要是因为来自极地的强冷空气及寒潮侵入造成的连续多日气温下降，使作物因环境温度过低而受到损伤以致减产的农业气象灾害。

4.5.2　低温冷冻的种类

（1）低温连阴雨：指连续多日阴雨并伴随气温下降的天气现象。此间降水量不大，但气温较低，这种天气有时接连出现，以致阴雨天气长达一个月之久。

（2）低温冷害：多是在农作物或经济林果生长期间，因气温低于作物生理下限温度，影响作物正常生长，引起农作物生育期延迟或受损，导致减产的一种农业气象灾害。

（3）霜冻：则是指当地面最低温度降至0℃以下时，对农作物等造成伤害或死亡的农业气象灾害。

（4）寒潮：是指高纬度地区的冷空气在特定天气形势下加强南下，造成大范围剧烈降温和大风、雨雪天气，这种来势凶猛的冷空气活动使降温幅度达到一定标准时，称为寒潮。

4.5.3　低温冷冻的形成

冷空气是低温冷冻灾害发生的主要原因。在春秋季节，北方的冷空气和南方的暖湿空气频繁交汇，常常造成低温连阴雨天气。而强冷空气，尤其是寒潮的爆发南下，使得温度急剧下降，会造成"倒春寒"、霜冻等灾害。

叙永县低温连阴雨常见于每年的3—4月，往往对春播育秧危害极大，造成早稻严重烂秧，其结果是减产或颗粒无收；低温冷害则常发生在9—10月，称秋季低温或寒露，发生在春季则称为春寒或倒春寒；而霜冻根据发生的季节，又可分为春季霜冻、秋季霜冻和冬季霜冻；寒潮在叙永县常出现在冬季，如2008年的南方雪灾。

4.6 冰雹

4.6.1 冰雹的定义

冰雹也叫"雹"，俗称雹子或"雪蛋子"，夏季或春夏之交最为常见。它是一些小如绿豆、黄豆，大似栗子、鸡蛋的冰粒。

当地表的水被太阳曝晒汽化，然后上升到了空中，许许多多的水蒸气在一起，凝聚成云，此时相对湿度为100%，当遇到冷空气则液化，以空气中的尘埃为凝结核，形成雨滴（热带雨）或冰晶（中纬度雨），越来越大，当温度急剧下降，就会结成较大的冰团，也就是冰雹。

我国除广东、湖南、湖北、福建、江西等省冰雹较少外，各地每年都会受到不同程度的雹灾。特别是叙永县，春末及夏季常年受雹灾影响。

4.6.2 冰雹的形成条件

在冰雹云中强烈的上升气流携带着许多大大小小的水滴和冰晶运动着，其中有一些水滴和冰晶并合冻结成较大的冰粒，这些粒子和过冷水滴被上升气流输送到含水量累积区，就可以成为冰雹核心，这些冰雹初始生长的核心在含水量累积区有着良好生长条件。

雹核在上升气流携带下进入生长区后，在水量多、温度不太低的区域与过冷水滴碰并，长成一层透明的冰层，再向上进入水量较少的低温区，这里主要由冰晶、雪花和少量过冷水滴组成，雹核与它们粘并冻结就形成一个不透明的冰层。这时冰雹已长大，而那里的上升气流较弱，当它支托不住增长大了的冰雹时，冰雹便在上升气流里下落，在下落中不断地并合冰晶、雪花和水滴而继续生长，当它落到较高温度区时，碰并上去的过冷水滴便形成一个透明的冰层。这时如果落到另一股更强的上升气流区，那么冰雹又将再次上升，重复上述的生长过程。这样冰雹就一层透明一层不透明地增长；由于各次生长的时间、含水量和其他条件的差异，所以各层厚薄及其他特点也各有不同。最后，当上升气流支撑不住冰雹时，它就从云中落了下来，成为我们所看到的冰雹了。

当云中的雨点遇到猛烈上升的气流，被带到0℃以下的高空时，便液化成小冰珠；气流减弱时，小冰珠回落；当含水汽的上升气流再增大，小冰珠再上升并增大；如此翻腾，小冰珠就可能逐渐成为大冰雹，最后落到地面。

4.6.3 叙永县冰雹形成原因及分布特征

冰雹是叙永县的主要气象灾害之一，据历年气象资料分析，年均出现雹日数为9次。近年来，随着全球气候的变暖，冰雹出现频数有增多趋势，危害程度加剧。

造成叙永县降雹的天气主要分为两种。一种是春末夏初，西南季风或东南季风盛行时，暖湿气流增强北上，冷暖空气活跃，若前期天气高温晴热，突然遭遇大范围的冷空气入侵时，冷暖气团汇合产生强对流天气，极易引起降雹，此类降雹影响范围较大，危害较为严重。另一种是盛夏季节，由于局部对流旺盛，当形成中低层高温高湿，而上层干燥的不稳定层结，遇冷空气过境，而形成雹云引起降雹。此类又分三种：①本地生成的雹云；②盆地南部冰雹云东南移影响；③贵州西北部冰雹云东北移后发展加强后影响叙永县南部地区，这类降雹天气影响范围相对较小。

叙永全县冰雹的时空分布特点是：南面山区多，北面丘陵地区少；春夏季多，秋冬季少，3月下旬—10月都有降雹可能。叙永县冰雹主要路径有四条（图4-1）：

第一条从西南方的云南省威信县入侵，经水潦和分水两镇到观兴乡后再分三条路：观兴—营山；观兴—摩尼—麻城；观兴—摩尼—摩尼和赤水镇边缘。

第二条也由云南威信县入侵，进入叙永县分水镇西面到叙永县分水—黄坭乡；另一路路径为分水—枧槽—后山镇。

第三条从西北面的兴文县入侵，进入高峰—白腊—两河和营山—后山镇。

第四条从东北面的古蔺入侵，进入合乐镇。

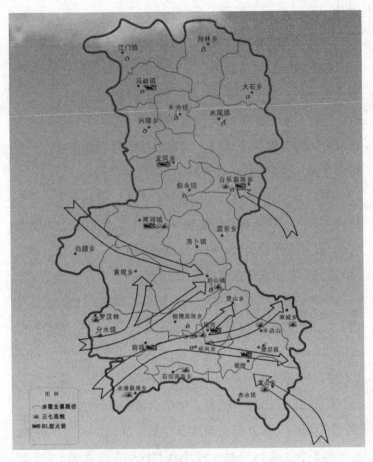

图4-1 叙永县冰雹主要路径分布图

叙永县冰雹一般具有以下特点：

（1）局地性强，每次冰雹的影响范围一般宽约几十米到数千米，长约数百米到十多千米。

（2）历时短，一次狂风暴雨或降雹时间一般只有2～10

分钟，少数在 30 分钟以上。

（3）受地形影响显著，地形越复杂，冰雹越易发生。

（4）季节性，冰雹大多出现在 4—10 月，在这段时期，暖空气活跃，冷空气活动频繁，冰雹容易产生。

（5）时间性，从每天出现的时间看，下午居多，因为这段时间的对流作用最强。降雹的持续时间都不长，一般仅几分钟，也有持续十几分钟的。

2004 年 4 月 20 日，因冰雹死亡 1 人，受伤 6 人，农作物成灾 8.76 平方千米，粮食减产 60 万千克，受灾学校 4 所，打坏变压器 3 台、电视接收器 150 个，直接经济损失 580 万元，其中农业直接损失 526 万元。

2005 年 5 月 3 日，叙永县江门镇因冰雹死亡 1 人，受伤 1 人，受灾人口 12 000 人，成灾人口 7500 人，农作物受灾面积 4.67 平方千米，损失粮食 10.5 万千克，竹林折断 1 万根，房屋损坏 900 间，水泥电杆倒塌 3 根，线路损失 550 米，321 国道塌方 13 处，中断交通近 6 小时。

2006 年 6 月 20 日，叙永县摩尼、麻城、水潦、观兴、石坝共 5 个乡镇 18 个村，51 个社共计受灾烟农 916 户，烤烟受灾面积 3.23 平方千米，成灾面积 1.458 平方千米，绝收面积 0.41 平方千米。

2008 年 1 月 17—22 日，因冰雹致使全县 12 个乡（镇）、25 万人受灾。

2015 年 4 月 30 日，因冰雹受灾 43 670 人，农作物受灾面积 1518 公顷，倒塌房屋 61 间，严重损坏房屋 2979 间，一般损坏房间 5023 间，直接经济损失 2847.89 万元。

4.7 焚风

4.7.1 焚风的定义

焚风是指出现在山脉背风坡，由山地引发的一种局部范围内的空气运动形式，也就是过山气流在背风坡下沉而变得干热的一种地方性风。焚风的害处很多，它常常使果木和农作物干枯，降低产量，使森林和村镇的火灾蔓延并造成损失。

4.7.2 焚风的形成

焚风是山区特有的天气现象，它是由于气流越过高山后下沉造成的。当一团空气从高空下沉到地面时，每下降 1000 米，温度平均升高 6.5℃。这就是说，当空气从海拔四千至五千米的高山下降至地面时，温度会升高 20℃ 以上，使凉爽的气候顿时热起来，这就是"焚风"产生的原因。

4.7.3 叙永县焚风实例

根据焚风的特性并结合叙永县的实际自订焚风标准为：风向为东—南—东南，风速大于 1.5 米/秒；相对湿度小于 60%；日平均气温大于累年同期平均值 1℃ 以上。连续三天达到上述条件称为强焚风。按照标准，一年中 7 月、8 月焚风最多，强度最强，危害最大。

据叙永县历史气象资料反映：焚风年年都有，只不过强度有重有轻之别，集中或分散之别，受害程度有差别。1958—1980 年 23 年中出现焚风 448 天，平均每年达 19.5 天，强焚风达 295 天，平均每年达 12.8 天，其中 1964—1968 年和 1978 年焚风较轻，其余年份都是强焚风年。焚风危害最严重的是 1972 年，从 8 月 20 日至 8 月 29 日持续长达 10 天，8 月 11—31 日出现焚风达 16 天之多，且强度大，仅使全县水稻一项就减产 690 万千克。叙永县焚风持续时间最长的为 11 天（1976 年 7 月 28 日—8 月 7 日）。

5 叙永县气象灾害
风险区划

5.1 气象灾害风险基本概念及相关定义

5.1.1 气象灾害风险基本概念

气象灾害风险是指气象灾害发生及其给人类社会造成损失的可能性。气象灾害风险既具有自然属性，也具有社会属性，无论自然变异还是人类活动都可能导致气象灾害发生。气象灾害风险性是指若干年（10 年、20 年、50 年、100 年等）内可能达到的灾害程度及其灾害发生的可能性。根据灾害系统理论，灾害系统主要由孕灾环境、致灾因子和承载体共同组成。在气象灾害风险区划中，危险性是前提，易损性是基础，风险是结果。

气象灾害风险性可以表达为：

气象灾害风险=气象灾害危险性×承灾体潜在易损性

其中，气象灾害危险性是自然属性，包括孕灾环境和致灾因子，承灾体潜在易损性是社会属性。

5.1.2 气象灾害风险相关定义

气象灾害风险指各种气象灾害发生及其给人类社会造成损失的可能性。

孕灾环境指气象危险性因子、承灾体所处的外部环境条件，如地形地貌、水系、植被分布等。

致灾因子指导致气象灾害发生的直接因子，如暴雨、干旱、连阴雨、高温等。

承灾体指气象灾害作用的对象，是人类活动及其所在社会中各种资源的集合。

孕灾环境敏感性指受到气象灾害威胁的所在地区外部环境对灾害或损害的敏感程度。在同等强度的灾害情况下，敏感程度越高，气象灾害所造成的破坏损失越严重，气象灾害的风险也越大。

致灾因子危险性指气象灾害异常程度，主要是由气象致灾因子活动规模（强度）和活动频次（概率）决定的。一般致灾因子强度越大，频次越高，气象灾害所造成的破坏损失越严重，气象灾害的风险也越大。

承灾体易损性指可能受到气象灾害威胁的所有人员和财产的伤害或损失程度，如人员、牲畜、房屋、农作物、生命线等。一个地区人口和财产越集中，易损性越高，可能遭受潜在损失越大，气象灾害风险越大。

防灾减灾能力指受灾区对气象灾害的抵御和恢复程度，包括应急管理能力、减灾投入资源准备等。防灾减灾能力越高，可能遭受的潜在损失越小，气象灾害风险越小。

气象灾害风险区划指在对孕灾环境敏感性、致灾因子危险性、承灾体易损性、防灾减灾能力等因子进行定量分析评价的基础上，为了反映气象灾害风险分布的地区差异性，根据风险度指数的大小，将风险区划分为的若干个等级。

5.2 气象灾害风险区划的思路、原则、方法和资料

5.2.1 气象灾害风险区划的思路

气象灾害风险区划有两种思路：一种是基于灾损的区别。它是根据各地过去出现过的气象灾害产生损失的大小，计算各地灾害风险度，然后将气象灾害分成几个等级，求

它们的出现概率，从而得到灾害风险区划图。对于经济损失而言，如果有长序列的灾损资料，最简单的做法是在进行物价和经济增长率的订正后，将订正后的经济损失按大小分级，求出各级的出现概率，便可以绘制灾害损失风险区划图。这种思路可以得到气象灾害风险的分布，提醒政府和公众哪些地方灾害风险强，应予重点防范。除此之外，它没有给我们提供其他可以直接用于防灾减灾的有用信息。另一种思路是研究各地致灾因子的发生概率，从而绘出灾害风险区划图，这种风险区划图实际上是灾害危险性区划。这种思路不仅可以得到气象灾害的分布，而且可以为城乡规划和开发、工程布局、灾害防御工程提供依据，如哪些地区是气象灾害高风险区，不适合建开发区和工程。

我们采用第二种思路来进行风险区划，这主要是因为气象部门有足够长序列的气象观测资料，可以方便地统计出各类灾害的发生频率和发生强度，从而根据气象灾害的致灾机理，对影响气象灾害风险的各因子进行分析，计算气象灾害风险指数的大小。

5.2.2　气象灾害风险区划的原则

气象灾害风险性是孕灾环境、脆弱性承灾体与致灾因子综合作用的结果。它的形成既取决于致灾因子的强度与频率，也取决于自然环境和社会经济背景，同时不同地区对于气象灾害的防御能力也不尽相同。因此，在进行区划时，要充分考虑诸多方面的因素，进行综合评估，最终形成灾害风险区划。风险区划考虑了两方面的原则。

5.2.2.1　技术原则

（1）以灾情普查数据为依据，从实际灾情出发，科学做好气象灾害的风险性区划，达到防灾减灾规划的目的，促进区域的可持续发展。

（2）注意区域气象灾害孕灾环境的一致性和差异性。

（3）注意区域气象灾害致灾因子的组合类型、时空聚散、强度与频度分布的一致性和差异性。

（4）根据区域孕灾环境、脆弱性承灾体以及灾害产生的原因，确定灾害发生的主导因子及其灾害区划依据。

（5）划分气象灾害风险等级时，宏观与微观结合，对划分等级的依据和防御标准做出说明。

（6）可修正原则：紧密联系叙永县的社会经济发展情况，对叙永县的承灾体脆弱性进行调查。根据叙永县的发展，以及防灾减灾基础设施与能力的提高，及时对气象灾害风险区划图进行修改与调整。

5.2.2.2　资料选取原则

（1）气象资料：选取全县 25 个气象观测站近 5 年（2011—2016 年）的气象资料，灾情调查资料则是从 1980 年开始。

（2）社会经济资料：根据 2016 年叙永县统计年鉴，选用以乡（镇）为单元的行政区土地面积、农业人口、农业生产总值、有效灌溉面积、旱涝保收面积、农村居民人均纯收入等数据。

（3）地理信息数据：基础地理信息资料包括叙永县 GIS 数据中的 DEM 和水系数据。

5.2.3　气象灾害风险区划的方法

传统上，用灾害样本进行风险区划主要有两种方法。一种是假设概率分布，即用样本来估计分布参数的方法，也称参数估计法。对于参数估计法来讲，当样本不多，且系统过于复杂时，要假设出合乎情理的概率分布函数并非易事。我们没有确切的理由确认灾害的概率分布是正态型的还是指数型的或其他分布形式的。另一种是直方图方法。直方图方法估计过于粗糙，且常常有强烈的不稳定性，样本较少时尤其如此。

物理模型方法在风险区划中大有用武之地。如果一种物理模型可以较好地描述灾害事件过程，那么物理模型 T 年一遇致灾因子的输入，将可以得到 T 年一遇的灾害事件的输出；或者反过来，由 T 年一遇的灾害事件可以得到 T 年一遇致灾因子的数值。但是，在很多气象灾害的风险分析中，找不到可用的物理模型，故物理模型法具有很大的局限性。

针对叙永县的气象灾害风险区划，主要根据气象与气候学、农业气象学、自然地理学、灾害学自然灾害风险管理等基本理论，采用风险指数法、GIS 自然断点法、加权综合评价法等数量化方法，在 GIS 技术的支持下对叙永县气象灾害风险分析和评价，编制气象灾害风险区划图。

5.2.3.1　气象灾害风险区划的评价指标

气象灾害的致灾因子主要是能够引发灾害的气象事件。对气象灾害致灾因子的分析，主要考虑引发灾害的气象事件出现的时间、地点和强度、频率。气象灾害强度、出现频率根据对常规气象站和自动站的气象要素资料（包括降水、气温、风、冰雹、低能见度等）的统计分析，以及历年的灾害调查资料得出。

孕灾环境与承灾体潜在易损性，包括人类社会所处的自然地理环境条件（地形地貌、地质构造、河流水系分布、土地利用现状）、社会经济条件（人口分布、经济发展水平等）、人类的防灾抗灾能力（防灾设施建设、灾害预报警报水平、减灾决策与组织实施的水平）。

5.2.3.2　气象灾害风险区划资料归一化处理

由于气象灾害风险区划指标量纲不同，必须对其初始值进行标准化处理，得到相对统一的量纲，才能参与区域最终风险度的运算。

对于正向指标

$$Y_{ij} = 0.5 + 0.5 * (X_{ij} - \mathrm{Min}X_{ij}) / (\mathrm{Max}X_{ij} - \mathrm{Min}X_{ij}) \quad (5.1)$$

对于负向指标

$$Y_{ij} = 0.5 + 0.5 * (\mathrm{Max}X_{ij} - X_{ij}) / (\mathrm{Max}X_{ij} - \mathrm{Min}X_{ij}) \quad (5.2)$$

式中，Y_{ij} 为第 i 个县第 j 个指标的归一化值，X_{ij} 为第 i 个县第 j 个指标的初始值，$\mathrm{Min}X_{ij}$ 为第 j 个指标初始化值中的最小值，$\mathrm{Max}X_{ij}$ 为第 j 个指标初始化值中的最大值。

5.2.4　气象灾害风险区划的资料

本区划所需的数据资料主要包括叙永县常规气象站和自动气象站的气象数据、气象灾害的灾情数据（受灾面积、经济损失、人员伤亡等）、地理空间数据（土地利用现状、水系、交通、居民区等）、社会经济数据（人口、地区生产总值等），所有类型的数据最终按 1∶50 000 的分辨率统一到 GIS 系统中。这些数据主要来自叙永县气象局、叙永县民政局、叙永县统计局、叙永县水务局、叙永县国土资源局、叙永县农业局、叙永县林业局等部门的统计年鉴。本区划的技术流程如图 5-1 所示。

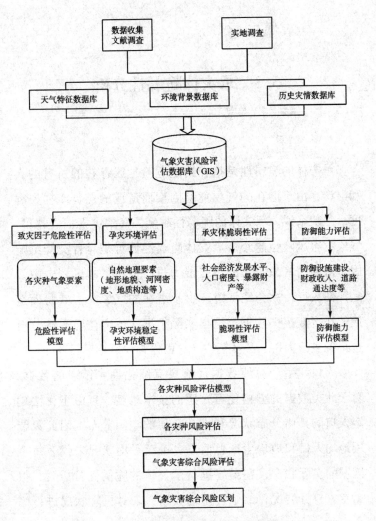

图 5-1 气象灾害风险评估流程图

5.3　承灾体脆弱性分析

承灾体的脆弱性是指在给定危险地区存在的所有的人和财产，由于潜在的气象危险因素而造成的伤害或损失程度。一般来说，承灾体的脆弱性越低，气象灾害损失越小，气象灾害风险也越小。承灾体脆弱性评价是对各类受影响因子对不同气象灾害的承受能力进行分析。本区划中主要是评估人口、社会经济财产由于潜在的气象灾害威胁而造成的伤害或损失程度。根据实际情况，承灾体脆弱性分析选择各乡镇人口、各乡镇生产总值作为评价指标。

人口和生产总值数据目前只有细化到乡镇级的数据，对于此类数据的栅格化有一定的技术难度，且由于无法确定人口的具体分布状况和生产总值的空间分布，因此只能用地均人口和地均生产总值以乡镇级平均状况来代表每个区域的实际状况，在最终进行承灾体的脆弱性分析时，根据专家打分情况，给予一定的权重，来对风险状况进行综合评估。

5.4　气象灾害及其次生灾害风险区划

根据上面的风险区划机理、原则和技术方法，综合考虑致灾因子、孕灾环境、承灾体三个方面（由于无法获得防灾减灾能力的数据且其不容易量化，所以在此不考虑这项因素）确立风险评价指标体系，在 GIS 支持下，分别对叙永县的主要气象灾害进行风险区划。

5.4.1　暴雨洪涝风险区划

洪涝灾害的风险区划主要从致灾因子的危险性、孕灾环境的敏感性和承灾体的脆弱性三个方面进行综合分析，防灾减灾能力未被考虑在内。

对于致灾因子的分析，主要考虑的是暴雨发生的频率和强度，以及通过分析历年的洪涝灾害在不同地区造成的损失情况、强度、范围，生成两个独立的图层，然后按一定的权重进行叠加分析，这样就能更加全面地反映出不同地区遭受暴雨洪涝的潜在可能。

孕灾环境主要考虑了地形因子（坡度、高度）、河网密度、湖泊及较大的水体三个方面。海拔高度较高的地区，遭受洪涝灾害的可能性较小，而坡度较大的地区则遭受洪涝灾害的可能性增大。河网密度主要是考虑河网的密度大，对洪水的缓解能力也就大，但是如果超过容纳标准，则反而对周围地区造成更大的灾害影响，所以在考虑这项要素的时候需要双重考虑。湖泊及较大的水体也主要是起到了强有力的对洪灾的调节作用。

承灾体主要考虑了土地利用类型、城镇及居民区、公路、铁路、矿区、地均人口、地均生产总值。暴雨洪涝对不同的土地利用类型的影响相差较大：对于耕地的影响是最大的，会造成农作物因过涝而死；对森林的影响不大，不会造成太大的损失；对于城镇和居民区有一定的影响，尤其是地势较低的地区，容易造成洪灾，造成人民生命财产的损失；对于公路、铁路、矿区，洪灾也有一定的破坏性，如果排水工程或设施不完善，造成的损失也会是相当大的。

综合以上三个方面的分析，通过专家打分方法，建立相关指标，利用加权综合与层次分析法，绘制暴雨洪涝灾害风险区划图（图5-2）。

从图5-2中可以得出：叙永县暴雨洪涝高风险区主要在叙永镇、龙凤镇、麻城镇、水潦彝族乡、石厢子彝族乡、合乐苗族乡、两河镇、马岭镇、摩尼镇、赤水镇、兴隆镇；中等风险区主要在水尾镇、后山镇、观兴镇、向林镇、江门镇、黄坭镇、白腊苗族乡；县内其余地区则多为低风险区。

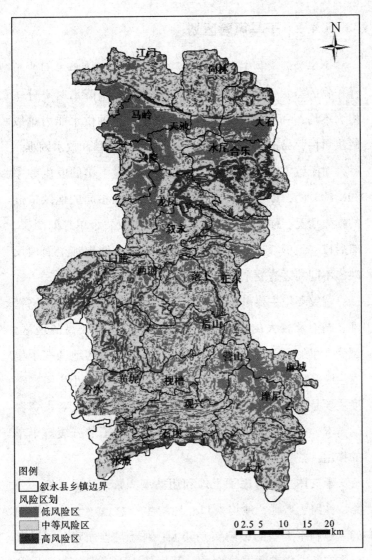

图5-2　叙永县暴雨洪涝灾害风险区划图

5.4.2　干旱风险区划

干旱为叙永县主要气象灾害之一。每年3月至9月为粮经作物的需水季节，主要依靠自然降水，但降水时空分布极为不均，一旦出现干旱，现有水利设施的供水能力难以解决旱情，易造成旱区农作物减产、人畜缺粮和饮水困难。

对于致灾因子的分析，主要考虑的是干旱的发生频率和持续时间，以及通过分析历年的干旱在不同的地区造成的损失情况、强度、范围、时长等，生成两个单独的图层，然后按一定的权重进行叠加分析，这样就能更加全面地反映出不同地区遭受干旱的具体情况。

孕灾环境主要考虑了地形因子（坡度、高度）、河网密度、湖泊及较大的水体三个方面。海拔高度较高的地区，遭受干旱的可能性要稍高一些，而坡度较大的地区在干旱发生时获取水源来补充其他地区的可能性也较小。河网密度主要是考虑河网的密度大，可以缓解周围地区对水资源的需求。湖泊及较大的水体也主要是起到了部分缓解干旱的作用。

承灾体主要考虑了土地利用类型、城镇及居民区、公路、铁路、矿区、地均人口、地均生产总值。干旱对不同的土地利用类型的影响相差较大：对于耕地而言，干旱对旱作农业的影响是非常大的，程度较大的旱灾往往造成农作物的绝产；而对于水浇地的影响相对较轻，甚至无影响；

对于森林，由于树木的根系较大较深，一般的旱灾对其的影响不是很大；干旱对于城镇和居民区的用水也会构成一定的威胁。

综合以上三个方面的分析，通过专家打分方法，建立相关指标，利用加权综合与层次分析法，绘制干旱灾害风险区划图（图5-3）。

从图5-3中可以得出：叙永县干旱高-次高风险区主要集中在县南部区域，其中高风险区主要分布在赤水、水潦彝族乡南部、石厢子彝族乡，水潦彝族乡北部、观兴南部以及麻城、摩尼大部为次高风险区；低风险区主要位于叙永县中部地区，如叙永、兴隆、龙凤、白腊苗族乡、两河大部分区域以及落卜、黄坭、正东等部分区域；县内其余地区则多为次低和中等风险区。

5.4.3　冰雹风险区划

冰雹是危害叙永县农业生产的又一主要气象灾害，多年平均发生次数为3次/年。随着全球气候的变暖，近年来，冰雹出现频数有增多趋势。一旦发生地面降雹，将对农业生产、人们的生命财产安全带来极大危害，尤其是对大春作物和烤烟生产会造成重大的损害。

对于致灾因子的分析，主要考虑的是冰雹的发生频率和持续时间，以及通过分析历年的干旱在不同的地区造成的损失情况、强度、范围、时长等，生成多个单独的图层，

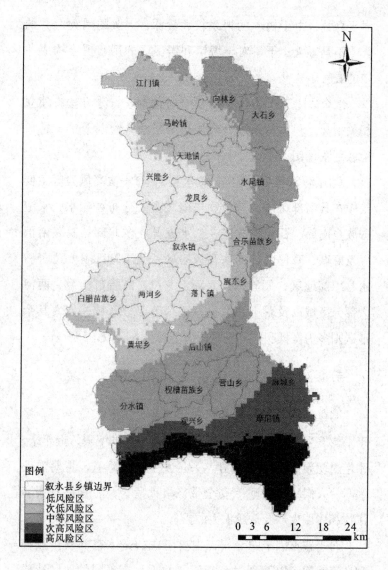

图 5-3　叙永县干旱灾害风险区划

然后按一定的权重进行叠加分析，这样就能更加全面地反映出不同地区遭受冰雹的具体情况。

孕灾环境主要考虑了地形因子（坡向、高度）。南部海拔高度较高的地区在大的环流背景条件下，遭受冰雹的可能性要高一些，而迎风坡面遭受冰雹的可能性要高于背风坡面。

承灾体主要考虑了土地利用类型、地均人口、地均生产总值。不同的土地利用类型由于地表植物的不同，产生的损害影响也不相同。冰雹主要对农作物产生的影响较大，可直接导致农作物减产甚至绝收；对于林木的影响极小。

综合以上三个方面的分析，通过专家打分方法，建立相关指标，利用加权综合与层次分析法，绘制冰雹灾害风险区划图（图5-4）。

从图5-4中可以得出：叙永县冰雹高风险区主要在水潦彝族乡、分水镇、合乐苗族乡、观兴镇；中等风险区主要在营山镇、摩尼镇、麻城镇、枧槽苗族乡、石厢子彝族乡、赤水镇、黄坭镇、后山镇；县内其余地区则多为低风险区。

5.4.4　地质灾害风险区划

地质灾害的风险区划主要从致灾因子的危险性、孕灾环境的敏感性和承灾体的脆弱性三个方面进行综合分析，防灾减灾能力未被考虑在内。

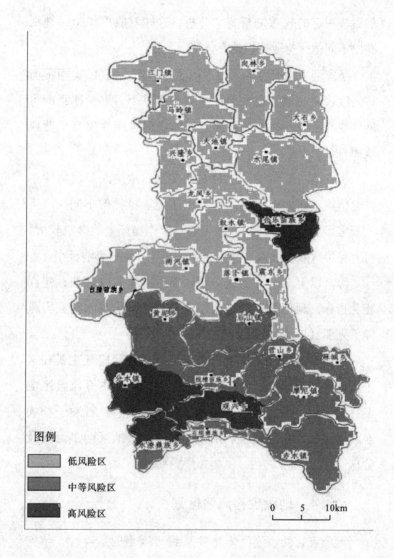

图例

低风险区

中等风险区

高风险区

0　5　10km

图 5-4　叙永县冰雹灾害风险区划

对于致灾因子的分析，主要考虑的是地质灾害发生的频率和强度，以及通过分析历年的地质灾害在不同地区造成的损失情况、强度、范围，生成两个独立的图层，然后按一定的权重进行叠加分析，这样就能更加全面地反映出不同地区遭受地质灾害的潜在可能。

孕灾环境主要考虑了地形因子（坡度、地貌、岩土类型）。泥石流形成区的周边山坡坡度大多数为 25°~45°，小于 15°和大于 45°时不易形成泥石流；高大的自由临空面是滑坡产生的有利地形，软硬岩层相间的山区和丘陵区是滑坡多发区，地形起伏大、沟谷发育、岩石体破碎、松散的山区是泥石流的多发地区；滑坡主要生于花岗岩类、泥灰岩、砂泥岩。

承灾体主要考虑了城镇及居民区、公路、铁路、矿区、地均人口、地均生产总值。地质灾害对于城镇和居民区有较大的影响，造成人民生命财产的损失；对于公路、铁路、矿区，地质灾害也有较大的破坏性。

综合以上三个方面的分析，通过专家打分方法，建立相关指标，利用加权综合与层次分析法，绘制地质灾害风险区划图。

研究得出：叙永县地质灾害高风险区主要在龙凤镇、兴隆镇、正东镇、后山镇、白腊苗族乡、黄坭镇；中等风险区主要在江门镇、大石镇、天池镇、合乐苗族乡、叙永镇、水潦彝族乡、石厢子彝族乡；县内其余地区则多为低风险区。

6 叙永县主要农作物精细化农业气候区划

6.1 叙永县烤烟精细化农业气候区划

6.1.1 引言

烤烟，一年生草本，茄科，高一米左右，原产南美洲，为烟草工业原料。中国烤烟产量占世界 80% 以上，集中在云南、河南、贵州、山东等。我国烤烟种植业重心区位变化趋向西南烟区。西南烟区包括云南省大部、贵州全省、川南、湘西、鄂西南及桂西南。西南烟区地处云贵高原及其斜坡地带，大部分地区海拔在 1000~2000 米。全区气候垂直差异也比较明显，作物从一年一熟到一年三熟都有。

本区降水充沛，雨热同季，有利于烤烟生长。本区地带性土壤为红壤、黄壤及黄棕壤，多旱酸性或微酸性，含盐、含氯量较低，一般质地较为黏重，但排水良好，对烤烟生长较为适宜。本区无论烤烟还是晒晾烟，在质量上都具有明显的优势。西南部烟区的烤烟种植面积占全国烤烟烟区面积的 20%。西南部烟区又分为四个二级烟区：滇西山地烤烟晒烟区包括大理州大部、楚雄、德宏州北部及四川凉山州大部；川滇高原山地烤烟晒烟区包括滇东北昭通地区及黔西毕节地区；湘西丘陵贵州高原烤烟晒烟区包括贵州省大部分，湘西丘陵以及鄂西南，川南部各县；云南高原烤烟晒烟区包括云南中部、贵州的南北盘江流域、广西西部右汲及红水流域，玉溪、江川一带所产烟叶质量较好。叙永属于湘西丘陵贵州高原烤烟晒烟区。

1991 年，叙永县开始在摩尼、分水、石坝、大树、两河、永宁 6 个区、45 个乡镇种植烤烟，烤烟面积 67.39 平方千米，总产 14 965 吨，产值 4225.96 万元。1992 年烟区乡镇积极开展烤烟百村科技竞赛活动，全县亩（1 亩≈666.67 平方米）平单产达到 153 千克，总产量 15 565 吨，产值 4443.86 万元，调拨省内外烟厂的合格率在 98% 以上，出口烟叶合格率达 100%，荣获国家烟草专卖局、总公司授予"全国烟叶生产先进县"金杯奖。叙永县是四川省最早获此殊荣的烟区县。为进一步夯实烟叶发展基础，助力脱贫攻坚，叙永县力争在 2018 年烟叶种植面积 30.4 平方千米，收购烟叶 4750 吨（其中国内收购计划 4250 吨，出口备货计划 500 吨），实现产值 1 亿元，税收 2000 万元。

烤烟的种植布局、产量及品质和气象条件密切相关，为了合理利用气候资源，科学指导农业生产，我们从气候的角度，认真研究分析烤烟生长发育所需的光、温、水等气象条件，结合叙永县实际筛选出烤烟生产的精细化农业气候区划指标，采用 GIS 技术对叙永县烤烟种植绘制气候区划适宜性分布图。

6.1.2　叙永县烤烟生长发育规律

烤烟对环境的适应性广，但对环境反应敏感，不同自然条件下生产出来的烤烟质量相差十分明显，优质烟叶必然存在一个最佳的自然生产条件与之相对应。烤烟一生中各个时期的自然条件均可能对烤烟的产量和品质产生影响，由于薄膜技术在烤烟的苗床期已经广泛使用，对烟苗生长的水分条件、温度条件均容易做到人工控制，所以我们可以暂不考虑苗床期。种植烤烟直到成熟的过程耗时很长，一般为 2—9 月。过程分为：育苗阶段，采用直播漂浮式育苗，耗时 60~70 天；大田中耕种管理阶段，耗时 70~80 天，属于精细化管理；采收烘烤阶段，耗时 50~60 天。烤烟成熟的总体特征是：叶色落黄，呈现绿黄色，中上部叶面出现黄白色成熟斑。成熟烟叶很容易采摘，采摘时声音清脆，断面整齐，不带茎皮，烟叶主脉变白发亮。

大田生长期的烤烟对气象的依赖很大，气象条件的适宜与否直接影响烤烟的品质。光照、温度和水分是影响烟草生长发育、产量、品质的重要生态因素，它们在烤烟生长过程中发挥的作用不同。

光（日照）：烟草是喜光作物，要生产优质烟叶，适宜的光照是必要条件。如果光照不足，则细胞分裂慢，细胞间隙大，机械组织发育差，叶片组织疏松，叶大而薄。由于干物质积累少，香气不足，油分少，品质下降。烤烟下部叶片，特别是脚叶之所以品质较差，主要就是因为脚叶长期在光照不足的荫蔽状况下生长；反之，如果光照过强，叶片栅状组织和海绵组织加厚，使叶片厚而粗糙，叶脉凸出，组织粗糙，内在化学成分不协调，吸味辛辣，严重降低品质，所以生产优质烟叶要求充足而和煦的光照。一个地区日照时数和日照百分率基本反映了该地的光照状况。烤烟生长最合适的光照条件是：全年日照百分率大于50%，日照时数大于2000小时；大田生长期日照百分率在40%左右，日照时数达到500~700小时。

气温：烟草在9~38℃能生长，最适宜的温度是20~28℃。生产优质烟叶对温度的要求是前期较低、后期较高，烟株生长和叶片成熟要求日平均温度不低于20℃，而在20~24℃范围内较理想。若温度超过25℃，虽然生长快，茎高叶大，但烟株生长纤弱，品质下降；若叶片成熟期日平均温度低于20℃，特别是温度低于17℃，则生育期延迟，烟叶品质显著受影响。

降水：烟草整个生长发育过程需水量很多。在生长发育过程中，若水分供应不足，土壤干旱，烟株矮小，叶片窄长，组织紧密，成熟不一致，烟叶内蛋白质、烟碱含量相对增加，碳水化合物含量减少。由于光合产物供给生殖生长，会出现早花。在缺水情况下，上部茎叶会从下部叶片中夺取水分和养料，使下部叶片过早衰老变黄，严重缺水还会使萎蔫的烟株不能恢复而死亡；若水分过多，根系发育差，茎叶生长脆弱，易发病，特别是在叶片成熟阶段水分过多，叶片含水量增加，致使细胞间隙大，组织疏松，所以烘烤后叶片薄，颜色淡，缺乏弹性。在水分多的条件下生产的烟叶，由于芳香物质的形成受影响，所以烟味淡，香气不足，烟叶品质差。烤烟生长需水特点是前期少，中期多，后期又少。一般认为，大田期间平均月降雨量100~130毫米为适宜。移栽期降水多有利还苗，还苗后土壤水分少些有利生根，团棵（烟株叶数达13~16片时，株形近似心形，心叶下陷称为团棵）后水分充足可以促进旺盛生长，烟叶成熟期间雨量少有利于适时成熟和调制（指晾烟、晒烟、熏烟和烤烟的整个过程）。

根据从大量文献上收集的研究资料，归纳烤烟的评价条件。

光照：①大田生长期日照时数要求在600小时以上。②优质烟叶大田生长期日照时数要求达到500~700小时，日照率大于40%。③移栽至旺长期，要求日照时数达到200~300小时。④空气湿度70%~80%有利于烟草生长。⑤烟叶生长中后期，日照百分数以36%~42%为优。

温度：①8℃以上，种子可以萌发，幼苗可以生长，但是10℃以下生长缓慢。②大田生长期最适宜温度为25~28℃。③成熟期最适宜气温为20~25℃，至少持续30天以上。④移栽到团棵期，如果气温低于13℃持续7天以上，将导致早花现象。⑤烤烟全生育期大于0℃积温要有3500℃以上。⑥烤烟大田期大于0℃积温要有2200~3180℃。⑦最适宜区和适宜区要求大于0℃积温要有2600℃以上。

水分：①还苗期和伸根期，以月降雨量为80~100毫米为优。②旺长期以月降雨量为100~200毫米为优。③成熟期以月降雨量为100毫米左右为优。

6.1.3　气候适应性区划

6.1.3.1　区划原则

6.1.3.1.1　遵循农业气候相似原则

在区划中不但要注意地区间光、热、水等气候资源数量及其时空分布规律的相似性，而且要考虑农业生物生存所需的各个气候因子，尤其是分析其中对区划作物生长发育和产量形成起决定性作用的气候因子及其关键时期。

6.1.3.1.2　着重区划实用原则

配合当前农业发展规划和农业自然资源开发利用计划的需要，强调区划的应用性，力求结合农业生产发展的预见性和应用的可操作性。

6.1.3.1.3　主导因子原则

气候对农业的影响虽是它的整体，但各个因子的作用是不均等的，根据作物区划的要求，突出其中某些最重要的因子，先确定主导因子，再按农业气候因子的重要性逐级划分。

6.1.3.2　**区划指标**

根据农业气候相似性原则，并综合参考有关方面的研究成果，在多次进行实地考察调研的基础上，叙永县烤烟精细化区划采用海拔高度、5—8月降水量、叶片成熟期均温、5—8月日照时数共计4个因子作为区划指标（见表6-1）。

表 6-1　　　烤烟精细化农业气候区划指标

烤烟指标	适宜区	次适宜区	不适宜区
海拔高度（m）	700~1300	550~700；1300~1400	<550；>1400
5—8月降水量（mm）	450~550	400~450；550~600	<400；>600
叶片成熟期均温（℃）	20~24	24~25	<20；>25
5—8月日照时数（h）	580~650	550~580	<550；>650

6.1.3.3 区划结果

本区划以叙永县及相邻气象站气象资料为基本资料，通过数理统计方法分别建立各指标要素的空间分布模型 $R = f(\lambda, j, h)$。利用 1：25 万地理信息资料将各指标要素按 $80 * 80 * 3$ 米分辨率展开，再利用先进的地理信息分析技术，制作多层次平面区划图，根据区划指标将叙永县烤烟种植划分为适宜区、次适宜区及不适宜区。

6.1.3.3.1 气象要素分布

从叙永县海拔高度分布图（图 6-1）来看：海拔较高的区域主要集中在石厢子彝族乡、水潦彝族乡部分，赤水镇、摩尼镇、麻城镇、营山镇、观兴镇、分水镇、枧槽苗族乡、黄坭镇、白腊苗族乡、后山镇、正东镇、合乐苗族乡、叙永镇、龙凤镇、水尾镇局部区域，该区域海拔高度为 1400~1884 米；海拔较低的区域主要集中在北部的马岭镇、天池镇、兴隆镇大部，江门镇、向林镇、大石镇、水尾镇、龙凤镇、叙永镇部分及正东镇、落卜镇、后山镇、两河镇、黄坭镇、白腊苗族乡局部区域，该区域海拔高度为 245~550 米；其余大部值为 550~1400 米。

从叙永县 5—8 月降水量分布图（图 6-2）来看：呈现海拔低的区域降水量多，海拔高的区域降水量少的分布特点。降水量较少的区域主要集中在摩尼镇、麻城镇、营山镇、观兴镇、石厢子彝族乡大部，赤水镇、水潦彝族乡、分水镇、合乐苗族乡部分及后山镇、黄坭镇、白腊苗族乡、

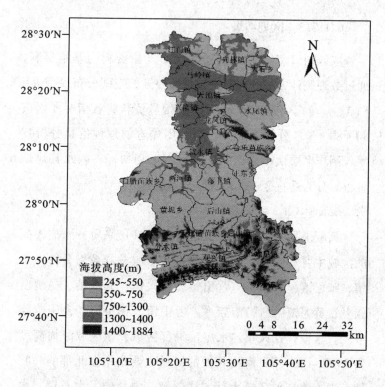

图 6-1　叙永县海拔高度分布图

正东镇、叙永镇、龙凤镇、水尾镇、天池镇局部区域，该区域降水量在500毫米以下；降水量较多的区域主要集中在马岭镇、天池镇、兴隆镇大部，江门镇、向林镇、大石镇、水尾镇、龙凤镇、叙永镇部分及正东镇、落卜镇、后山镇、两河镇、黄坭镇、白腊苗族乡局部区域，该区域全年降水量为600~640毫米；其余大部值为500~600毫米。

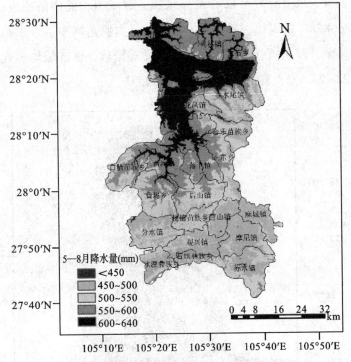

图6-2 叙永县5—8月降水量分布图

从叙永县叶片成熟期均温分布图（图6-3）来看：呈现海拔高的地区温度低，海拔低的地区温度高的分布特点。温度条件较好的区域主要集中在马岭镇、天池镇、兴隆镇大部，江门镇、向林镇、大石镇、水尾镇、龙凤镇、叙永镇部分及正东镇、落卜镇、后山镇、两河镇、黄坭镇、白腊苗族乡局部区域，该区域均温在25~25.5℃；温度条件较差的区域主要集中在摩尼镇、营山镇、观兴镇、石厢子彝族乡、水潦彝族乡部分及赤水镇、麻城镇、枧槽苗族乡、分水镇、黄坭镇、后山镇、正东镇、白腊苗族乡、合乐苗族乡、叙永镇、龙凤镇、水尾镇局部区域，该区域均温在22~23.5℃；其余大部值在23.5~25℃。

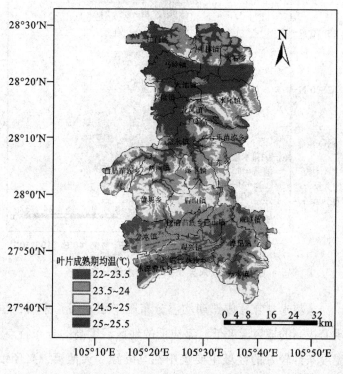

图6-3　叙永县叶片成熟期均温分布图

　　从叙永县5—8月日照时数分布图（图6-4）来看：呈现自西向东日照逐渐增加的趋势。日照相对较长的区域主要集中在大石镇全部，水尾镇、向林镇、麻城镇大部，合乐苗族乡、天池镇部分，赤水镇、摩尼镇、正东镇、落卜镇、叙永镇、马岭镇、江门镇局部区域，该区域日照时数在 590~605 小时之间；日照相对较短的区域主要集中在水潦彝族乡大部，分水镇、白腊苗族乡部分，黄坭镇、观兴镇局部区域，该区域日照时数在 560~570 小时之间；其余大部值在 570~590 小时之间。

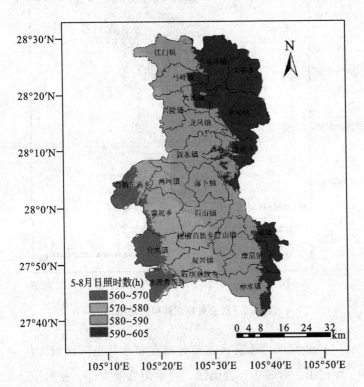

图 6-4　叙永县 5—8 月日照时数分布图

6.1.3.3.2 烤烟种植区划

叙永县烤烟种植大致分为适宜区、次适宜区、不适宜区，如图6-5所示。

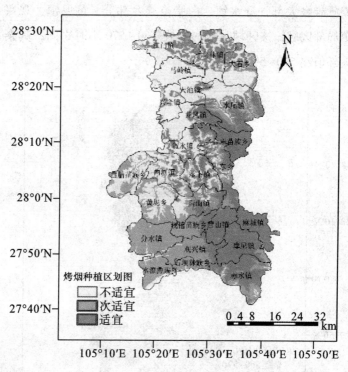

图6-5 叙永县烤烟种植区划图

（1）适宜区。适宜区主要分布在叙永县东部区域，包括了摩尼镇、麻城镇、营山镇、合乐苗族乡大部，赤水镇、正东镇、龙凤镇、水尾镇部分及石厢子彝族乡、观兴镇、枧槽苗族乡、后山镇、落卜镇、黄坭镇、两河镇、叙永镇、兴隆镇、天池镇、马岭镇、江门镇、向林镇、大石镇局部区域,该区域海拔高度为 750～1300 米,5—8 月降水量为 450～550 毫米,叶片成熟期均温为 22～24℃,5—8 月日照时数为 580～605 小时。适宜区在烤烟生长期光、温、水配合好,最适宜烤烟种植。

(2) 次适宜区。次适宜区主要分布在叙永县的分水镇、水潦彝族乡、观兴镇、石厢子彝族乡、枧槽苗族乡大部,赤水镇、后山镇、黄坭镇、白腊苗族乡、正东镇部分及摩尼镇、麻城镇、营山镇、两河镇、落卜镇、叙永镇、龙凤镇、水尾镇、天池镇、兴隆镇、马岭镇、江门镇、向林镇、大石镇局部区域。该区域海拔高度大部为 550～1400 米,5—8 月降水量大部为 500～600 毫米,叶片成熟期均温大部为 23.5～25℃,5—8 月日照时数为 560～580 小时。次适宜区在烤烟生长期光、温、水配合较好,较适宜烤烟种植。

(3) 不适宜区。不适宜区主要分布在叙永县海拔高度在 800 米以下的地区,包括马岭镇、天池镇、兴隆镇大部,大石镇、向林镇、江门镇、水尾镇、龙凤镇、叙永镇、两河镇、白腊苗族乡、黄坭镇部分及合乐苗族乡、正东镇、落卜镇、后山镇、分水镇、水潦彝族乡、石厢子彝族乡、观兴镇、赤水镇局部区域。该区域降水偏多,叶片成熟期均温过高,不宜提高烤烟品质。

6.1.4　对策建议

6.1.4.1　合理布局

从区划结果看，大部分烤烟气候生态适宜区也是粮食作物的适宜区，应作好烤烟的合理布局，尽可能地集中、成片地将烤烟生产安排在适宜区和次适宜区，以形成规模效益。

6.1.4.2　建立烤烟气象站、哨网点

为了加强气象对烤烟的预报服务，必须在叙永县烤烟主产区的乡、镇建立若干个具有代表性的气象站、哨、点，并形成网络系统，提高烤烟灾害天气的监测和预报服务工作。

6.1.4.3　深化烤烟生产气候生态研究

要研究气候生态条件对烤烟产量、质量的定量影响，需开展较大规模的多品种、多地域、多播期的试验和烟叶品质化验分析，全面研究气候生态条件对烤烟产量、质量的影响，为高产、优质生产提供科学依据，促进叙永县烤烟生产的稳定、健康、可持续发展。

6.2 叙永县水稻精细化农业气候区划

6.2.1 引言

水稻为一年生，禾本科植物，单子叶，性喜温湿。水稻的三大主要病害是：稻瘟病、白叶枯病、纹枯病，其他重要病害还有稻曲病、恶苗病、霜霉病等。我国水稻播种面积占全国粮食作物的1/4，而产量则占一半以上，为重要粮食作物。我国幅员辽阔、地形复杂，又具有季风气候和大陆性气候的特点，使我国拥有丰富的水稻气候资源，又有许多限制水稻生产的因素，因而形成了我国水稻分布的区域性和不连续性的区域特征。每年都有不同程度影响叙永县水稻生产的农业气象灾害：雨涝、低温、高温、阴雨、大风等。

水稻原产热带，属喜温喜湿短日照作物，为了科学规划叙永县优质水稻的生产和布局，推动农业、农村经济的发展，我们经过调研、考察和分析研究，基于 GIS 地理信息系统，完成了"叙永县水稻种植农业气候区划"，希望该成果能对叙永县的农业产业化布局和发展起到科学的指导作用。

6.2.2 叙永县水稻生长发育规律

叙永县水稻整个生长周期分为幼苗期、分蘖期、拔节孕穗期、抽穗开花期和灌浆成熟期。

幼苗期是指从种子发芽到第三片完全叶长成这段时期，一般要经过催芽和秧田育苗两个过程。种子发芽的最低温度为 $10 \sim 12 ℃$，发芽最快是 $30 \sim 35 ℃$，高于 $40 ℃$ 会造成烧芽。在秧田落谷后种子根往下扎，抽出不完全叶，随后相继长出第一、二、三片完全叶，种子根也不断形成初生根系，此时称三叶期，又称"脱乳期"，由于种子中养分耗尽，幼苗根系弱小，是容易受到不良气象条件影响的重要时期。秧苗生长须在 $10 ℃$ 以上，最适宜温度是 $20 \sim 25 ℃$，超过 $25 ℃$，细胞分裂加快，幼苗纤弱，长期超过 $30 ℃$，则易感染病害，尤其是恶苗病，且多发生在旱秧上。常规栽培条件下，水稻移栽前后正是一代螟虫发生期，移栽前防治，可有效控制秧田早批螟虫危害。

分蘖期是指从第四完全叶生长到稻穗开始分化的一段时期，是长叶、长根、长蘖的时期。生产上这时期是移栽到拔节阶段。水稻基部有密集的茎节，每个茎节的基部都有一个侧芽，在适宜的条件下长成侧茎为分蘖。凡能抽穗结实的分蘖称为有效分蘖，不能抽穗结实的分蘖称为无效分蘖。水稻分蘖要求较高的温度、充足的阳光和适当的水分。一般分蘖所需的适宜温度是 $25 \sim 30 ℃$，气温在 $20 ℃$ 以下或 38℃ 以上都不利于分蘖的发生。如果阴天多，日照不足，分蘖显著减少。分蘖期是水稻一生中第一个不可缺水受旱的时期。

拔节孕穗期是指水稻节间开始伸长，茎的基部由扁平变成圆筒，同时茎的生长点开始分化逐渐形成幼穗的一个时期。这一时期是水稻一生中生长最快、吸收水分和养分最多、光合作用最强的时期，也是决定水稻穗大粒多的关键时期，因此要求充足的阳光和足够的水分、养分。水稻在幼穗分化过程中对温度和水分的反应很敏感。幼穗发育的适宜温度为 30℃ 左右，温度低于 20℃ 对幼穗发育不利，当最低气温在 15~17℃ 以下时，抽穗迟缓，不实率显著增加。此时期若水分不足，会延缓稻穗的形成，尤其是在减数分蘖期缺水受害，则使颖花退化不孕，是水稻一生中的"水分临界期"。

抽穗开花期是指稻穗从旗叶内抽出并开花的一段时期，通常抽穗的当天或第二天就陆续开花。水稻抽穗快慢与温度、品种和栽培条件有关，就温度而言，温度高，抽穗期短而整齐。水稻开花的顺序以一株来说先主茎后分蘖茎，一穗来说自上而下。水稻开花以晴暖微风的天气最好，阴雨、低温、大风、干旱天气对开花授粉不利，会形成较多的不实率。抽穗开花的最适宜温度为 30~35℃，高于 40℃ 花丝容易干枯，低于 20℃ 则不能正常受精结实。

水稻开花授粉后，子房开始膨大即进入灌浆成熟期。

依外部形态和内含物的不同，可分为乳熟期、黄熟期和完熟期。水稻灌浆结实期的适宜温度是 25~30℃，光照充足、气温日较差大，有利于有机物质的制造和积累，使水稻籽粒饱满。乳熟期仍需要充足的水分。成熟期如遇低温、阴雨、寡照天气，则籽粒不饱满，延迟成熟，易倒伏而降低产量和质量。如遇高于 36℃ 的高温天气，则易造成高温不实和高温逼熟。

6.2.3　气候适应性区划

6.2.3.1　区划原则

本着充分利用和开发农业气候资源，避免和克服不利气候条件对水稻生产的影响，以及因地制宜、适当集中的原则，水稻种植区划选取指标既要充分考虑水稻气候适应性要求，又要突出水稻优质、高产的特点。

6.2.3.1.1　农业气候相似原则

在区划中不但要注意地区间光、热、水等气候资源数量及其时空分布规律的相似性，而且要考虑农业生物生存所需的各个气候因子，尤其是分析其中对区划作物生长发育和产量形成起决定性作用的气候因子及其关键时期。

6.2.3.1.2　区划实用原则

配合当前农业发展规划和农业自然资源开发利用计划的需要，强调区划的应用性，力求结合农业生产发展的预见性和应用的可操作性。

6.2.3.1.3　主导因子原则

气候因子对农业的影响作用是不均等的，因此需根据作物区划的要求，突出其中某些最重要的因子，即先确定主导因子，再按农业气候因子的重要性逐级划分。

6.2.3.2　区划指标

根据农业气候相似性原则，并综合参考有关方面的研究成果，在多次进行实地考察调研的基础上，叙永县水稻精细化区划采用地形因子、气候因子两大因子作为区划指标。

6.2.3.2.1　因子解释

移栽至成熟期的降水量是衡量优质水稻生产用水能否得到有效保障的主要因子；播种至抽穗期的≥10℃积温是衡量水稻生长前期的热量水平能否满足水稻形成丰产结构的因子；抽穗至成熟期的平均气温及日照时数，是衡量能否形成优质水稻的重要气象因子。

6.2.3.2.2　指标因子选取原则

本研究气象因子选取应符合保证率80%的要求。保证率是指大于等于或小于等于某要素值出现的可能性或概率。保证率计算方法选择均方差法，此方法要求要素资料年代长，且为正态分布。其计算方法为：

（1）计算某一要素多年平均值，并求各年该要素与多年平均偏差（d），及偏差平方（d^2）。

（2）计算均方差：$\sigma = \sqrt{\dfrac{\sum d^2}{n}}$。式中：$\sigma$ 为均方差；d^2 为偏差平方；n 为资料年代数。

（3）求不同保证率（可能性）情况下与多年平均的偏差数，用均方差乘以各保证率等级的标准化系数。

（4）根据偏差数与多年平均值可确定不同保证率（可能性）条件下的可能值。

6.2.3.2.3　指标因子确定

叙永县水稻种植区划指标因子如表6-2所示。

表6-2　　　　叙永县水稻种植区划指标因子

区划因子	最适宜	适宜	次适宜	不适宜
播种至抽穗≥10℃积温(℃)	>2500	2200~2500	1700~2200	<1700
抽穗至成熟平均气温(℃)	24~26	>26	20~24	<20
抽穗至成熟总日照时数(h)	>230	200~230	100~200	<100
移栽至成熟期降水量(mm)	>600	560~600	450~560	<450
高程(m)	<600	600~800	800~1200	>1200

6.2.3.2.4　适宜性评价因子权重确定

叙永县水稻适宜性分布影响因子权重如表6-3所示。

表6-3　　　　叙永县水稻适宜性分布影响因子权重

准则层		决策层	
影响因子	权重	影响因子	权重
地形因子	0.3	适宜高程	0.3

表6-3(续)

准则层		决策层	
影响因子	权重	影响因子	权重
气候因子	0.7	播种至抽穗≥10℃积温	0.25
		抽穗至成熟平均气温	0.25
		抽穗至成熟总日照时数	0.25
		移栽至成熟期降水量	0.25

6.2.3.2.5 适宜性评价

依据影响因子的不同权重进行加权叠加,对叙永县水稻进行适宜性评价,具体适宜性计算公式如下:

$$S = \sum_{i=1}^{n} A_i B_i \tag{6.1}$$

式中,S 为水稻的适宜性,n 为评价因子的个数,A_i 为各评价因子的计算值,B_i 为各指标因子的权重。

6.2.4 区划结果与分析

6.2.4.1 适宜性评价因子获取

6.2.4.1.1 地形因子

从高程来看:参考文献研究成果,低产区主要分布在高程 800~1200 米处,中产区主要分布在高程 600~800 米处,而高产区几乎分布于高程 600 米以下。叙永县海拔高度如图 6-6 所示。

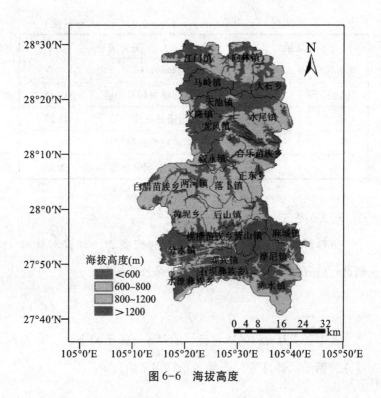

图 6-6　海拔高度

6.2.4.1.2　气候因子

如图 6-7 所示，叙永县水稻种植的播种至抽穗≥10℃
积温为 1800~2700℃，总体呈现海拔低的地区温度高，海拔
高的地区温度低的分布特点。播种至抽穗≥10℃积温较高
的地区主要集中在马岭镇、天池镇、兴隆镇大部，江门镇、
向林镇、大石镇、龙凤镇、叙永镇部分及水尾镇、正东镇、
落卜镇、后山镇、两河镇、黄坭镇、合乐苗族乡、白蜡苗
族乡局部区域，播种至抽穗≥10℃积温为 2500~2700℃；播

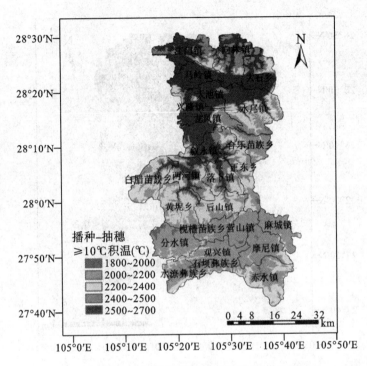

图6-7　播种-抽穗期≥10℃积温

种至抽穗≥10℃积温较低的地区主要集中在麻城镇、摩尼镇、观兴镇、营山镇、枧槽苗族乡、分水镇、石厢子彝族乡、水潦彝族乡、合乐苗族乡大部，赤水镇部分，正东镇、后山镇、黄坭镇、白蜡苗族乡、两河镇、叙永镇、龙凤镇、天池镇、水尾镇局部区域，播种至抽穗≥10℃积温为1800~2200℃；其余大部值为2200~2500℃。

如图6-8所示，叙永县水稻种植的抽穗至成熟期平均气温为22~28℃，呈现海拔低的地区温度高，海拔高的地区

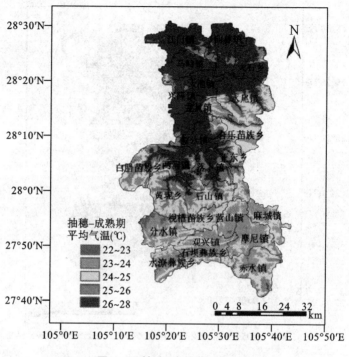

图 6-8　抽穗-成熟期平均温度

温度低的分布特点。温度较高的区域主要集中在马岭镇、天池镇、兴隆镇、江门镇、向林镇、大石镇、龙凤镇、叙永镇大部，水尾镇、两河镇、落卜镇部分及正东镇、合乐苗族乡、后山镇、黄坭镇、白蜡苗族乡、赤水镇局部区域，该区域抽穗至成熟平均气温为 26~28℃；温度较低的区域主要集中在摩尼镇、营山镇、观兴镇大部，麻城镇、赤水镇、石厢子彝族乡、水潦彝族乡、分水镇部分及枧槽苗族乡、黄坭镇、后山镇、正东镇、白蜡苗族乡、合乐苗族乡、叙

永镇、龙凤镇、水尾镇局部区域,该区域抽穗至成熟平均
气温为 22~24℃;其余大部值为 24~26℃。

如图 6-9 所示,叙永县水稻种植的抽穗至成熟期总日
照时数呈现海拔高的地区日照长,海拔低的地区日照短的
分布特点。日照时数较多的区域主要集中在赤水镇、摩尼
镇、麻城镇、营山镇、正东镇、观兴镇、石厢子彝族乡、
水潦彝族乡、分水镇、枧槽苗族乡、后山镇、合乐苗族乡、
龙凤镇、叙永镇、水尾镇局部区域,该区域日照时数在 250

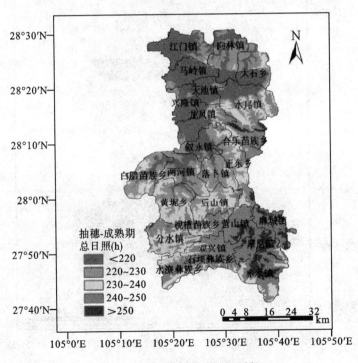

图 6-9　抽穗-成熟期日照时数

小时以上；日照时数较少的区域主要集中在江门镇、马岭镇、天池镇、兴隆镇大部，向林镇、大石镇、龙凤镇、叙永镇部分及水尾镇、正东镇、落卜镇、两河镇、黄坭镇、白蜡苗族乡局部区域，该区域日照时数在220小时以下；其余大部值为220~250小时。

如图6-10所示，叙永县水稻种植的移栽至成熟期降水量呈现海拔高的地区降水量多，海拔低的地区降水量少的

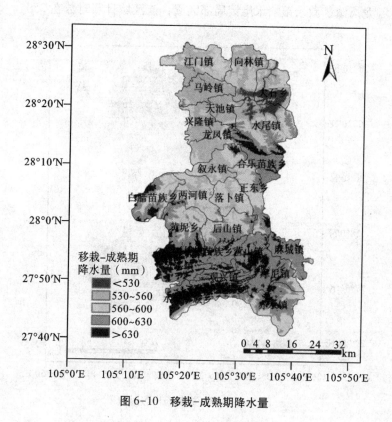

图6-10 移栽-成熟期降水量

分布特点。降水量较多的区域主要集中在水潦彝族乡、石
厢子彝族乡、分水镇部分，赤水镇、摩尼镇、麻城镇、营
山镇、观兴镇、枧槽苗族乡、正东镇、后山镇、黄坭镇、
白蜡苗族乡、合乐苗族乡、叙永镇、龙凤镇、水尾镇局部
区域，该区域移栽至成熟期降水量在630毫米以上；降水量
较少的区域主要集中在马岭镇、天池镇、兴隆镇、大石镇
大部、江门镇、向林镇、龙凤镇、叙永镇部分及水尾镇、
正东镇、落卜镇、后山镇、两河镇、白蜡苗族乡、黄坭镇
局部区域，该区域移栽至成熟期降水量在560毫米以下；其
余大部值为560~630毫米。

6.2.4.2　水稻适宜性评价

叙永县水稻种植区可分为最适宜区、适宜区、次适宜
区、不适宜区，如图6-11所示。

6.2.4.2.1　最适宜区

叙永县水稻种植的气候最适宜区主要集中在叙永县低
海拔地区，包括了向林镇、大石镇、马岭镇、天池镇、兴
隆镇大部，江门镇、龙凤镇、叙永镇部分及水尾镇、合乐
苗族乡、正东镇、落卜镇、后山镇、两河镇、白蜡苗族乡、
黄坭镇、枧槽苗族乡、分水镇、观兴镇、水潦彝族乡、石
厢子彝族乡、营山镇、摩尼镇、赤水镇、麻城镇局部区域。
上述区域海拔均较低，地貌以平坝、低丘为主，在水稻播
种至抽穗期间的≥10℃积温为2500~2700℃，热量资源条件
利于促进水稻生长前期形成大田丰产结构。该区域移栽至

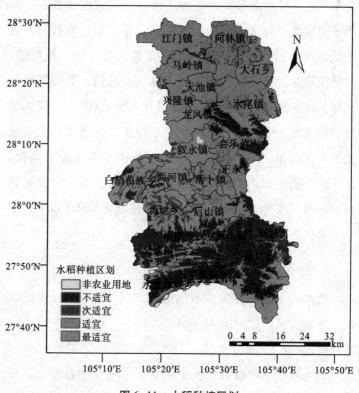

图 6-11　水稻种植区划

成熟期降水量大部为 550～560 毫米，在抽穗至成熟期间，该区域的平均气温为 24～26℃，总日照时数为 210～220 小时，较好的光、热条件基本满足形成优质水稻的需求。盛夏气温是影响该区域水稻产量及年际变化的主要气象因子。

6.2.4.2.2　适宜区

叙永县水稻种植的气候适宜区主要集中在叙永县海拔

相对较低的区域，包括了正东镇大部，江门镇、水尾镇、合乐苗族乡、落卜镇、后山镇、白蜡苗族乡、赤水镇部分及向林镇、大石镇、马岭镇、天池镇、兴隆镇、龙凤镇、叙永镇、两河镇、黄坭镇、枧槽苗族乡、分水镇、水潦彝族乡、石厢子彝族乡、观兴镇、营山镇、麻城镇、摩尼镇局部区域。上述区域为叙永县海拔相对较低地区，在水稻播种至抽穗期间的≥10℃积温为2200~2500℃，热量资源条件基本满足水稻生长前期形成大田丰产结构的需求。该区域移栽至成熟期降水量大部为560~600毫米。在抽穗至成熟期间，该区域的平均气温为26~28℃，日照时数为220~240小时，较好的光、热条件基本满足形成优质水稻的需求。

6.2.4.2.3 次适宜区

叙永县水稻种植的气候次适宜区主要集中在叙永县海拔相对较高的区域，包括了江门镇、水尾镇、合乐苗族乡、正东镇、落卜镇、后山镇、白蜡苗族乡、向林镇、大石镇、马岭镇、天池镇、兴隆镇、龙凤镇、叙永镇、两河镇、黄坭镇、枧槽苗族乡、分水镇、水潦彝族乡、石厢子彝族乡、观兴镇、营山镇、麻城镇、摩尼镇、赤水镇局部区域。上述区域为叙永县海拔相对较高地区，在水稻播种至抽穗期间的≥10℃积温为2000~2200℃，移栽至成熟期降水量大部为560~600毫米。在抽穗至成熟期间，该区域的平均气温为20~24℃，日照时数大部为220~230小时。该区域热量条件较为不足，故为水稻种植的次适宜区。

6.2.4.2.4　不适宜区

叙永县优质水稻种植的气候不适宜区主要集中在分水镇、营山镇、麻城镇、摩尼镇、观兴镇、石厢子彝族乡大部，枧槽苗族乡、水潦彝族乡、赤水镇部分及后山镇、黄坭镇、白蜡苗族乡、正东镇、合乐苗族乡、叙永镇、龙凤镇、水尾镇和天池镇局部区域。上述区域为叙永县的海拔较高区域，热量条件的不足是制约该区域开展水稻生产的关键气象因子。

6.2.5　生产建议

（1）最适宜区的降水条件及热量条件优越，虽然日照条件略为不足，但丰富的热量条件能很好地对其不足进行补偿。因此，该区域宜大力发展优质水稻的种植。

（2）适宜区降水及光照条件较好，但热量条件要略差于最适宜区，该区可适度发展优质水稻的种植。

（3）次适宜区降水及热量条件均不能很好地满足水稻生产的需求，但该区可以发展以早熟玉米、土豆、大豆等生育期短、需水量小的旱地农业，以确保该区域的粮食安全。

（4）不适宜区热量条件的不足是制约该区域开展水稻生产的关键气象因子，可改种对热量条件需求相对较低的作物。

7 叙永县气象灾害对敏感行业的影响与防御措施

叙永县位于四川省南缘，地处云贵高原与盆周过渡地带，受娄山余脉影响，县境内地形地貌复杂，丹霞地貌、卡斯特地貌皆有之，地势南高北低，海拔最高 1902 米，最低仅为 247 米。境内地势落差大，立体气候明显，自然灾害频繁。叙永县也是国家级贫困县，以农业经济为主，地方经济受气候影响很大，气象灾害对敏感行业的影响突出。

所谓气象灾害敏感行业主要是指农林业、交通运输业、能源电力业、城市建设、保险业、生态环境与旅游业、医疗、水利、易燃易爆业等行业，这些行业不仅易受气象灾害影响，且影响后果严重，受灾后不利影响会迅速连锁传递到其他行业或部门，灾害影响范围和严重程度明显放大。

气象灾害敏感单位的灾害损失等级分为四级：特别重大气象灾害（Ⅰ级）、重大气象灾害（Ⅱ级）、较大气象灾害（Ⅲ级）、一般气象灾害（Ⅳ级）。特别重大气象灾害（Ⅰ级），指灾害性天气造成 10 人（含）以上死亡，或 5000万元（含）以上经济损失的气象灾害。重大气象灾害（Ⅱ级），指灾害性天气造成 3~9 人死亡，或 1000 万~5000 万元经济损失，或严重威胁人民群众生命安全，造成 10 人（含）以上伤残的气象灾害。较大气象灾害（Ⅲ级），指灾害性天气造成 1~2 人死亡，或 500 万~1000 万元经济损失，或严重威胁人民群众生命安全，造成 3~9 人伤残的气象灾害。一般气象灾害（Ⅳ级），指灾害性天气威胁人民群众生命安全，造成 1~2 人伤残，或 500 万元以下经济损失，或严重影响人民群众生活的气象灾害。

7.1　气象灾害对农业的影响及防御措施

7.1.1　气象灾害对农业生产的影响

农业是各类产业中对气象灾害反应最敏感、受影响最强烈的产业。在全球气候变暖的大背景下，农业气象灾害发生频率增加、危害程度增强，农业生产的不稳定性增加，农业遭受气象灾害的损失增加。

气象灾害对叙永县农业影响较大的灾种主要有干旱、冰雹、洪水等。以干旱为例，旱灾会导致作物因生理缺水而减产甚至绝收。近年来由于气候异常，干旱发生的频率越来越高，造成的损失也明显增加。

叙永县干旱的地区以南部山区为主，特别是赤水河河谷地区（石坝镇、水潦乡、赤水镇），干热的河谷地带，水汽无法聚集，同时地表蓄水能力差，容易造成干旱。以2017年叙永县南部山区的伏旱为例。2017年盛夏叙永县普遍出现了晴热少雨天气，该期最高气温超过了42℃，降水总量和降水日数异常偏少，降水分布不均且连续无降水时间长，气温偏高，日照偏多，蒸发耗水偏大。全县农作物受灾面积303.8平方千米，成灾面积207.3平方千米，绝收96.2平方千米，农业直接经济损失3.91亿元，农业受灾人口33.1万人。伏旱共造成27.57万人和23.59万头牲畜饮水困难。

2017年，叙永县累计投入抗旱救灾资金2320.5万元，投入抗旱人力25.97万人次，提供提水设备3.14万台次，出动运水车辆4026辆次，抗旱用油58.15吨，浇灌受旱作物94.33平方千米。

7.1.2 农业对气象灾害的防御措施

农业气象灾害防御重点是建立健全农业气象防灾减灾

体系，需要县农业相关各部门通力合作，采取以下措施：①加强气象防灾减灾业务服务，完成农业气象观测站网与试验站布局优化和任务调整，开展适应现代农业服务需求的专业气象观测。②着力加强农业气象灾害预报预警发布机制，及时发布森林火险、暴雨、冰雹、大风、高温干旱、霜冻、寒潮等气象预报预警信息，实现重大农业气象灾害灾前及时预警、灾中跟踪服务、灾后调查评估，增加气象科技的贡献率，保障粮食、特色经济农产品稳产高效。③加强空中云水资源综合利用，建立综合的人工影响天气作业指挥系统，建立常态化林火预防扑救联动机制，提高农业抗灾能力。④积极储备抗旱救灾物资，同时加快水利设施建设，把水利抗旱工程与新农村建设相结合。

7.2　气象灾害对交通运输的影响及防御措施

　　由于独特的气候特点和地形地貌，叙永县影响交通运输业的主要气象灾害是低温雨雪、暴雨洪水和大雾。

7.2.1　低温雨雪对交通运输的影响

　　低温雨雪易引起道路结冰，结冰造成路面抗滑能力显著降低，增加了汽车制动距离，容易发生车辆打滑和侧翻，是影响行车安全的最不利气象条件之一。据我国交通部门的统计，在所有的交通安全事故中，结冰路面的事故发生率是干燥路面的 10 倍。

由于叙永县地形南高北低，南面乡镇在冬春季易出现低温雨雪，发生在冬春季的明显降雪过程将导致道路积雪和结冰现象，路面雪水夜冻昼化，路况变差，严重影响交通运输。

7.2.2　暴雨洪水灾害对交通运输的影响

叙永虽深处内陆，交通优势却异常突出，西南出海大通道 321 国道纵贯全境，是四川出海最便捷的大通道；叙威公路把叙永与云南连接在一起，川黔高速公路使叙永与外界连接得更为紧密；川黔铁路向南的顺利延伸，使叙永成为这条大动脉上的一座重要城市。现代交通运输追求快速、高效、安全、准时，但在很大程度上却受天气因素制约。因此，交通运输是一个对天气影响高度敏感的行业。尽管雨、雪、雾、高温、低温等天气都对交通运输有一定影响，但暴雨洪水灾害对交通运输的影响更为严重。

暴雨会严重影响行车的能见度，同时暴雨产生的洪水对公路的破坏极为严重，由气象因素衍生的山洪暴发和泥石流对公路交通运输业构成很大威胁。

7.2.3 大雾对交通运输的影响

雾是悬浮在近地面层大量细微水滴（或冰晶）造成能见度降低的天气现象。叙永县公路交通路段多坪坝河谷，多高山水域，这些地方是大雾的多发路段，雾的出现，导致地面水平能见度降低，如果行车速度过快，尤其是道路监控系统实时性不足时，易发生重大交通事故，如连环撞击事件等。

据统计，高速公路上因雾等恶劣天气造成的交通事故占总事故的 25%。大雾是造成高速公路重特大交通事故的主要因素。

7.2.4 交通运输业对气象灾害的防御措施

大量事实表明，交通系统面临着严重的气象环境威胁，不良天气增加了交通安全风险和经济成本，也影响着所有交通运输系统的运营效率，现代交通对交通气象工作提出了更高、更迫切的需求。

重要交通干线气象灾害的防御重点，要从以下四个方面着手：①发展专业专项气象灾害监测预警技术和预警服务，建立健全交通气象灾害预警发布机制，根据预警标准，及时发布交通运输气象灾害预警信息。②开展道路沿线精细化气象灾害影响风险评估，制定气象灾害防御的设计标准；依法开展重大工程气候可行性论证，合理规划和布局，科学防灾避灾。③推动公路、铁路、水路等交通气象观测系统建设，建立设施共建、资料共享的规范化机制；实现大雾、大风、雨雪、高温等主要影响交通安全的气象灾害观测，有针对性地增加路面温度、道路结冰和道路实景等观测。④提高管理水平，将气象灾害应急预案落实到突发交通事件日常管理中，建立预警、应急与快速恢复管理机制。

7.3 气象灾害对电力行业的影响及防御措施

电力能源对经济社会正常运行起到基础性保障作用。叙永县有总装机容量近 3 万千瓦，年供电 16 万千瓦时，装机容量 3 万千瓦的四川泸州黄浦电力公司叙永双桥煤矸石火力发电厂已建成投入使用，有 35 千伏变电站 3 座，110 千伏变电站 2 座，10 千伏开关站 1 座，并与川南电网和贵州省毕节电网联网供电。叙永县为中低山地形，属亚热带湿润性季风气候，极端气象灾害频发，对电力保障容易造成影响。

暴雨、低温冷害、雨雪冰冻、雷电、大风等灾害，容易引发输电线路故障甚至电力基塔倒塌、线路中断等事故。持续高温和低温易引发用电负荷升高，致使电力供应而不能满足群众生活和经济运行需求。能源基础设施容易受到雷暴、大风、暴雨等灾害的危害，并可能造成严重后果。为应对气候变化，推动叙永县低碳环保经济的发展，气象保障电力能源安全运营成为新的挑战。提高电力能源系统防御气象灾害能力，最大限度减少灾害损失，是保障电力能源安全和经济正常运转的基本要求。

7.3.1 高温、干旱对电力供求的影响

近年来高温、干旱灾害强度偏强，频率增大，高温天气造成电力负荷呈大幅度增加的趋势，季节性、持续性的干旱造成水电发电量呈负增长状态。由于电力负荷加大，供电量不足，电力供求紧张。

7.3.2 雷电对电力的影响

雷电灾害造成电力跳闸、倒塔的频率不算很高，但一经发生，将会击毁电力设施，造成供电线路中断，致使敏感行业蒙受重大的经济损失。近年来随着电力设施分布范围扩大，雷电灾害所造成的电力损失也日趋严重。

7.3.3 大风天气对电力的影响

在大风天气来临时，应防止"风闪"和"污闪"造成的电线短路，电力施工和高架作业区应适当调整工期，保证安全是涉及电力的建筑行业面临大风天气考验必须采取

的应对措施。另外冷空气来袭，还会加重电力部门的负荷，风越大，电网负荷就会越大。

7.3.4 雨雪冰冻天气对电力的影响

雨雪冰冻灾害主要发生在冬季，但秋冬交替和冬春交替之际偶尔也会出现。这种气象灾害是由降雪（或雨夹雪、霰、冰粒、冻雨等）或降雨后遇低温形成的积雪、结冰现象。雨雪冰冻灾害直接对电力生产安全和设备正常运行造成危害，最大的危害是使供电线路中断。高压线高高的钢塔在下雪天时，可能会承受 2~3 倍的重量，但是如果有雨淞的话，可能会承受 10~20 倍的电线重量，并且电线或树枝上出现雨淞时，电线结冰后，遇冷收缩，加上风吹引起的震荡和雨淞重量的影响，能使电线和电话线不胜重荷而被压断，几千米以致几十千米的电线杆成排倾倒，造成输电、通信中断，严重影响当地的工农业生产。历史上许多城市出现过高压线路因为雨淞而成排倒塌的情况。

7.3.5 电力行业对气象灾害的防御措施

电力能源的气象灾害防御，重点是发展电力能源气象灾害监测预警技术和预警服务，根据不同预警级别，及时针对输电线路、电站等发布预警信息，实现部门间、行业间信息与资源共享以及灾害协同防御。

电力行业要做好气象灾害的防御，需要从以下几点开展工作：①开展输变电线沿线、电站建设、风电场选址等精细化气象灾害影响风险评估，制定灾害防御的气象设计标准。②开展工程设计气候可行性论证，合理规划和布局电力能源基础设施，设计线路时，消除能引起电网事故的各种气象灾害因素，科学合理地提高灾害频发区电力设备抗灾设计水平。③推动电力、清洁能源等能源气象观测网建设，并纳入能源基础设施建设的总体规划和工程项目中。④在高温、高湿、大风、暴雨、雨雪冰冻、雷电等气象灾害易发区补充建设电力气象观测站，加强影响电网安全的输电线覆冰和雷电等灾害性天气的观测，加强对联网线路沿线走廊的专项整治工作，采取防雷措施提高电力设备的防雷水平。⑤编制系统事故预案，提高调度运行人员的反应能力，保证当电网一旦发生预想故障时调度运行人员能及时、准确地处理事故，缩短事故处理时间，保证事故处理的正确性，从而使事故影响面和损失降低到最低。

7.4 气象灾害对城市建设的影响及防御措施

7.4.1 气象灾害对城市建设的影响

城市干旱、内涝、高温热浪、大风、冰雪、雷电等灾害是制约城市建设的主要气象因素。

城市建设区是人类对自然环境干预最强烈、使自然环境变化最大的地方。气温升高、湿度下降、日照减少、能见度降低，极端天气事件频繁发生等气候事件对城市建设产生了较大影响。城市规划考虑气象因素时主要是依据当地年降雨量、风向频率玫瑰图、风速变化或分布图以及污染系数玫瑰图，研究确定城市的总体布局、排水设施、通风走廊两侧建设物的控制以及工业区与居住区的布局。

城市规划与气象条件密不可分，如不重视城市建设对局地气象条件的影响，可能造成难以逆转的严重后果。例如我国的城市规划实践中所遵循的一条重要原则是将有污染排放的工厂企业布置于城市的下风和下水方向。在城市建设规划时，应根据气象观测数据的积累及气候变化研究，综合分析城市规划、工程设计与气候资源的关系，修正有关规划设计指标体系和规范，以进一步提高工程设计中的安全性、可靠性、舒适性和自然效益。

7.4.2 城市建设对气象灾害的防御措施

目前防雷已被纳入有关建筑规范当中，但气象灾害是多方面的，要防御气象灾害对城市建设的影响，需要从以下几个方面开展工作：①城市绿化可起到降温、增湿、降低风速和减小噪音的作用。植物的光合作用可以吸收空气中的二氧化碳，从而直接减少温室气体的排放量，而植物、土壤和水体的蒸发、蒸腾作用又有利于调节城市的微气候。合理地规划城市绿化带，可以有效缓解城市热岛效应，减少气象灾害的影响。②城市内涝的防御所包含的问题比较复杂，内涝防治设施可采用雨水渗透、雨水收集利用等源头控制设施和雨水行泄通道、地表雨水调蓄设施、地下雨水调蓄设施等过程蓄排设施。同时要向城市居民大力宣传防内涝的措施，如一旦积水漫进屋内，应及时切断电源，防止积水触电伤人。③紧凑合理的中高密度及适度的土地利用混合开发，再加上与此相配合的城市基础设施和公共设施的规划和建设，将有利于降低城市运转的能源消耗，从而减少温室气体的排放。建设能源消耗大的部门或企业时，要经过气象和环保部门科学论证，得出合理的建设方案后再施工。

7.5　气象灾害对保险行业的影响及防御措施

保险公司是专门经营风险的企业，气象灾害造成的保险损失是主要风险之一，并且在各种灾害中，气象灾害的时效性、可预报性最强。因此，获得气象信息和气象干预已成为减少理赔风险的有效手段。有效获得气象信息和气象干预已成为减少和避免损失的有效途径。

同时，现代保险技术对气象服务有很高的要求，希望气象服务能提供更精确的天气预报，能够解决当前保险界关心的小概率巨灾风险问题，能够探讨减少保险财产损失的有效途径。保险业面临的气象风险问题也是气象科学的前沿课题，保险业寻求的减损途径也是气象科技开拓新的业务服务的领域。当气象灾害已经发生，保险公司理赔需要到气象部门去调查确定。而叙永县气象灾害种类多、发生频繁，气象局应进一步提高各类气象灾害服务能力，着力开展本地气象灾害的临近预报，为保险业的发展提供有力保障。

7.6 气象灾害对旅游业的影响及防御措施

7.6.1 气象灾害对旅游业的影响

叙永县旅游资源丰富，既有建于清光绪年间的国家重点文物保护单位春秋祠，又有国家级自然保护区画稿溪，还有省级风景名胜旅游区丹山、蜀南第一雄关雪山关等景点，自然和人文景观丰富。暴雨、大风、雾、高温和雷暴等成为影响叙永旅游的主要自然灾害。生态环境、旅游与气象条件密不可分，气象条件在一定程度上影响了环境的优劣。加强环境气象服务能力，对改善大气环境，及时发布旅游气象灾害预警，提高群众生活质量有重要意义。

暴雨、大风、雾、雷暴和高温等成为影响叙永旅游的主要自然灾害。这些气象灾害对旅游业的影响主要体现在如下方面：

（1）暴雨是山洪、公路塌方、引发地质灾害的主要因素之一。由暴雨引发的洪涝直接危及旅客安全。

（2）大风对旅游设施的破坏性极大，一般情况下，风力达到5~6级时，就要停止水上和攀登游乐项目，风力超过7级就必须关闭露天旅游场所，并将游客疏散到安全地带。

（3）雾对旅游的影响一是旅途的交通安全，二是旅游点道路的安全，三是旅游项目的安全，四是影响视距从而不利于观赏。当能见度小于100米时，就要封闭高速公路，停止水上和探险游乐项目；当能见度在100~300米时，就要提醒驾驶人员控制车速，谨慎驾驶，对游乐项目采取安全防护措施；即使能见度在300~500米，对机动交通工具和游乐项目也要采取控制车速和旅游人数等必要的措施。

（4）多雷暴的天气一方面给游客外出旅游带来不便，另一方面直接对游客生命造成威胁。

7.6.2 旅游业对气象灾害的防御措施

生态环境、旅游与气象条件密不可分。气象条件在一定程度上影响了环境的优劣，霾（灰霾）、酸雨、沙尘等一些气象因素直接导致大气环境质量恶化，大风、暴雨、冰雹会破坏旅游景点设施。随着社会经济发展，人类活动造成温室气体等大气成分的变化是气候异常的主要原因，因大气污染极易造成霾（灰霾）、酸雨等灾害，高温、暴雨等极端气象灾害也越来越频繁。加强环境气象服务能力，对改善大气环境，及时发布旅游气象灾害预警，对提高群众生活质量有重要意义。

气象灾害对旅游业的影响，可以分为灾害发生之前、灾害发生时和灾害发生后三个阶段的影响。旅游业应对气象灾害的若干措施：①灾害发生前，需要各部门配合，进行预防和引导，旅游地管理者要有危机意识，制定危机管理计划，多方关注自然灾害预报，同时要在生态环境敏感的景区内设立气象监测点，培养旅游景点的气象信息员队伍。另外，旅游管理者应该有意识地引导游客和潜在游客为躲避自然灾害而进行旅游活动。在适当时机推出合适的旅游产品，趋利避害，降低自然灾害的不利影响。②在灾害发生时，此阶段的主要的目的是确保旅游者的人身或财产安全，降低自然灾害带来的损失。具体而言，一是要确保游客安全，保证游客的安全是灾害管理的首要任务。灾害一旦发生，旅游地应指定专业人员负责游客的疏散和安抚工作，尽可能保证游客的人身和财产不受损失，适时关闭景区并对外发布景区关闭的信息；同时，避免在混乱情况下引发其他连锁危机。二是要部门协调合作。救灾工作需要多方面协调进行，在统一指挥下，加强相关部门的合作，信息共享，救灾资源共用，强化交流沟通，推动救灾工作有序开展，把灾害损失降到最低。③灾害发生后要及时清理现场，并对损失做如实的核查和评估，为灾后重建工作做好准备。

7.7 气象灾害对医疗行业的影响及防御措施

7.7.1 气象灾害对医疗行业的影响

气象条件与人体健康息息相关，不良的气象条件可以造成人体的直接损坏或死亡，也会引起机体生理功能的紊乱和丧失，削弱人体抵抗力，诱发疾病，同时对心理状况也会产生影响。对人体健康产生影响的气象要素主要有风、气压、雾霾。

7.7.1.1 风

风对人体健康随时都会产生影响。风的速度大于 1 米/秒时，就会影响人体的体温调节和感觉。当气温高（≥36℃）时，风会加强人体汗液的蒸发，从而使人的体温调节不良；当气温较低时，风能加强热传导和热对流，促使人的身体热量散失较多而引起感冒。温和的风能够使人精神焕发，提高人的紧张性；持续的猛烈的大风能引起人精神兴奋，并阻碍人的正常呼吸。

7.7.1.2 气压

气压是随着天气和气候的变化不断变化的，气压变化对人体健康的影响，主要表现在：在高压环境中，人的机体各组织逐渐被氧饱和，当人重新回到标准大气环境时，体内过剩的氧便从各组织血液由肺泡随呼气排出，但这个过程进行慢、时间长。如果从高压环境很快回到标准气压环境，则脂肪中积蓄的氧就会部分停留在人的机体内，膨胀形成小的气泡阻滞血液、液体和组织，形成气栓而引起病症，甚至危及人的生命；在低压环境中，人的血色素由于不能被氧饱和而出现血氧不足，当人的机体内氧的储备降低到正常储备的 45% 时，人的生命将受到影响。在低压缺氧状况下，人会感到口鼻眼干燥、头晕、气喘，以及胸闷、呼吸急促、恶心呕吐，以至神经系统发生显著障碍等不良反应。

7.7.1.3 雾霾

雾霾天气会对人体健康造成一定危害。直径小于 10 微米的气溶胶粒子能直接进入并黏附在人体呼吸道和肺叶中，引起鼻炎、支气管炎等病症，长期处于这种环境还会诱发肺癌。此外，雾霾天气会导致近地层紫外线的减弱，易使空气中的传染性病菌的活性增强，使得传染病发病率增加。同时，雾霾天气也易使人情绪低落、精神郁闷。出现雾霾天气时，老人和儿童的患病概率会大大增加。

由此可见气象因素的改变，会影响人体健康，造成某一特定时间段特定病情的就诊人数激增，加大医疗卫生系统的压力。叙永县作为偏远山区的贫困县，医疗资源相对较少，人均病床数和医生人数缺乏。如能在医疗卫生中整合进气象变化，则可提前预防相关疾病的突发，缓解医疗资源的紧张。

7.7.2 医疗行业对气象灾害的防御措施

既然气象因素的变化与人体健康有关，医疗行业的单位应该与当地气象局加强联系，随时了解天气的变化，要制定气象灾害应急预案，成立极端天气应急领导组，在气象灾害发生时，要及时为受伤人民群众准备相应药物和病床。县级气象部门也可以根据天气的变化，研究发布感冒指数、高温中暑指数、花粉过敏指数、食物中毒指数、冻伤摔伤指数等生活服务类气象指数，为人民提供疾病预防。气象与医疗相结合，是提高人民生活水平的重要体现。

7.8 气象灾害对水利行业的影响及防御措施

7.8.1 气象灾害对水利行业的影响

根据历年的气象统计，叙永县年平均降雨量达到 1147.1 毫米，降雨量集中出现在 6 月、7 月、8 月，其中 7 月最多，而暴雨的出现以 7 月、8 月为主。雨热同期是叙永的气候特点，汛期既要防洪，同时又要抗旱，这就对叙永的水利设施提出了较高的要求。

叙永县境内河流属于长江水系，分属永宁河、水尾河、倒流河、象鼻河、马蹄河五个水系，常年可利用溪河 33 条（段），河流水力理论蕴藏量 21.32 万千瓦，技术可开发量 9.9 万千瓦，地下水储量 22 953 万立方米。2012 年 3 月 30 日，叙永县倒流河工程开工。倒流河工程位于距县城 54 千米的海水村倒流河墨鱼尖处，这是叙永县有史以来最大的水利枢纽工程。倒流河工程包括水库枢纽工程和渠道工程两部分，概算总投资 6.6 亿元。工程建成后解决了叙永县观兴镇、分水镇、水潦彝族乡、石厢子彝族乡、赤水镇等 5 个乡镇约 46 平方千米的耕地灌溉和 3 万多人的饮水安全问题。在叙永县南部山区，还有农村供水工程、水源工程等小微型水利工程。

影响叙永县的水利设施安全运行的气象灾害及其衍生灾害主要如下：①局地突发性强降水的影响。一般水库坝址多选在峡谷、河谷等处，一旦出现局地突发性强降水，极易因泄洪不及时导致厂房淹没、设备毁坏以及溃坝、冲毁沟渠等危害。②大范围洪涝灾害的影响。在全球变暖大背景下，极端天气气候事件频繁发生。出现极端大范围洪涝灾害时，水库库容极易陡增漫过排洪口，发生管涌、泄漏、水库决堤等危害，影响水利设施的安全运行，威胁下游人民的生命财产安全。③强雷电、风雹灾害的影响。强雷电、风雹等灾害极易破坏水利设施的运行管理系统，如大坝监测系统、雨情测报系统、水库自动调度系统等，一旦遭受雷击将导致运行管理系统不能正常运行，影响水利设施的安全。④滑坡、泥石流等衍生灾害的影响。对于山高坡陡的地区，强降水易引发山洪、滑坡、泥石流、山体崩塌等地质灾害，直接影响水库、沟渠等水利基础设施的安全。

7.8.2 水利行业对气象灾害的防御措施

水利与气象的联系紧密，水利设施建设与全县人民的生产生活息息相关，特别是在防洪与抗旱方面。防御气象灾害对水利设施的影响，要做到：①加强水旱气象灾害防御，重点是建立水文气象灾害预警信息联合发布机制，同时联合建立基层协理员（信息员）信息传播机制，负责灾害预警信息进村入户及灾情统计上报。②加强在应对气候变化和极端气候事件、防灾减灾方面的协调，建立开放的水文气象信息共享机制和高效的会商切磋机制。③各级人民政府、有关部门及时根据本地降雨情况，定期组织开展各种排水设施检查，及时疏通河道和排水管网，加固病险水库，加强对地质灾害易发区和堤防等重要险段的巡查。

7.9　气象灾害对易燃易爆行业的影响及防御措施

7.9.1　气象灾害对易燃易爆行业的影响

叙永县主要的易燃易爆单位有加油站、加气站、面粉厂、酒类企业、危化品仓储、烟花爆竹场等。易燃易爆场所通常设在城区开阔地带或郊区、山区、乡村、高速公路等道路边的开阔地带。雷暴是对易燃易爆业影响最大的气象灾害之一。雷暴是积雨云中、云间、云地之间产生的放电现象，表现为闪电兼有雷声。雷暴是积雨云强烈发展的标志和结果。当积雨云所带的电荷达到一定程度时，就会穿过空气放电，使两种电荷发生中和并产生火花，这便是闪电现象。强大的电流使得空气受热迅速膨胀，引起闪电通道内产生与爆炸相仿的巨大的声波震荡，这种空气的震荡传到我们耳内就是雷声。

叙永县雷电活动频繁，历年平均闪电日数达 67 日，历史上除 12 月外，其余 11 个月都出现过闪电，属雷电多发区。雷暴以其热效应、机械效应、反击电压、雷电感应等方式产生破坏作用，从而造成人员伤亡、火灾、爆炸、建筑物和各种设施损毁。据不完全统计，我国每年因雷击造成人员伤亡 3000~4000 人，财产损失 50 亿~100 亿元。

7.9.2 易燃易爆行业对气象灾害的防御措施

对应易燃易爆业，雷暴灾害的防御要从防直击雷、防感应雷和防静电这三方面来实施。①直击雷防御系统主要由避雷针（带、网、线）、均压环、引下线、接地体等组成。通过导线，把避雷针截获的雷电流引导到大地中去，从而实现防护。②对于感应雷的防御，理想方案是笼式避雷网。为了更好地屏蔽雷电感应，必须科学合理布线，保证电位均衡、连接完善。避雷针的引下线应良好焊接，使接地电阻在 1 欧姆以下，从而取得良好的屏蔽效果。③通过防止静电的产生和消灭静电，可避免静电的囤积，从而实现静电防护。

易燃易爆行业需加强防雷减灾知识宣传，有关单位要严格执行"管行业必须管安全、管业务必须管安全、管生产经营必须管安全"和安全生产"党政同责、一岗双责、齐抓共管、失职追责"的规定，进一步强化防雷安全工作措施。气象部门要针对当前雷电灾害危害程度高、社会影响大的情况，结合典型案例，在"全国安全生产月"活动等重要时段，通过广播、电视、报纸、网络等各类媒体，广泛开展雷电灾害防御知识和防雷减灾法律法规的宣传教育活动，普及防雷知识，增强社会公众科学防雷减灾的意识，有效减少雷电灾害的影响和损失，避免雷电灾害引发生产安全事故。

8 叙永县气象灾害防御管理

8.1 组织体系

8.1.1 组织机构

气象灾害防御工作涉及社会许多方面，需要各部门通力合作，成立在叙永县政府领导下，各相关部门为主要成员的叙永县气象灾害防御指挥部，负责气象灾害防御管理的日常工作，下设三个办公室：气象灾害应急管理办公室、人工影响天气管理办公室、防雷安全管理办公室。按"五有"（有职能、有人员、有场所、有装备、有考核）标准组建气象信息服务站，明确分管领导，把气象灾害防御的各项任务落到实处。

8.1.2　工作机制

建立健全"政府领导、部门联动、分级负责、全民参与"的气象灾害防御工作机制。加强领导和组织协调，层层落实"责任到人、纵向到底、横向到边"的气象防灾减灾责任制。加强各部门和县气象局分灾种专项气象灾害应急预案的编制管理工作，并组织开展经常性的预案演练。健全"县、镇、村"三级信息互动网络机制，完善气象灾害应急响应的管理、组织和协调机制，提高气象灾害应急处置能力。

8.1.3　队伍建设

加强各类气象灾害防范应对专家队伍、应急救援队伍、气象助理员队伍和气象信息员队伍的建设。在县气象局设置气象助理员职位，明确气象助理员任职条件和主要任务；在每个行政村设立气象信息员，在重点部门、行业、关键公共场所以及农村人口密集区建立气象信息员队伍，不断优化完善气象助理员队伍培训和考核评价管理制度。

气象助理员主要任职条件：具有较好的思想政治素质、较强的责任心和协作精神，能积极主动配合气象部门的组织管理工作；具备履行职责的基本知识和身体素质，了解本辖区内可能发生的各类气象灾害和气象灾害防御的重点区域，熟练掌握各类防灾避险和自救措施；助理员由专任或兼职人员担任；按照"条件明确、单位推荐、本人自愿、签订协议"的原则实行聘任制。聘期一般为三年。由气象部门对其进行集中培训和考核，对经培训并考核合格人员发给聘用证书。

气象助理员主要职责：负责气象灾害预报与警报的接收和传播，并根据当地实际，采取相应的防灾减灾措施，协助当地政府和有关部门做好气象防灾避险、自救、互救工作；负责气象灾害信息收集与上报，并协助上级气象部门人员赴现场进行灾害情况调查、评估和鉴定；及时将辖区内发生的气象灾害、次生气象灾害及其他突发公共事件上报气象部门；负责辖区内有关气象设施的维护和管理；依法开展防雷减灾安全管理工作，收集辖区内重点雷电防御单位及重要防雷设施信息，协助做好辖区内雷电防护技术服务工作；负责对县、乡镇、行政村、社区、学校等单位气象助理员、信息员队伍的组织管理。

8.2　气象灾害防御制度

8.2.1　风险评估制度

风险评估是对面临的气象灾害防御中存在的弱点、气象灾害造成的影响以及三者综合作用而带来风险的可能性进行评估。作为气象防灾减灾管理的基础，风险评估制度是确定灾害防御安全需求的一个重要途径。

县气象局应当建立城乡规划、重大工程建设的气象灾害风险评估制度；建立相应的强制性建设标准，将气象灾害风险评估纳入城乡规划和工程建设项目行政审批的重要内容；确保在规划编制和工程立项中充分考虑气象灾害的风险性，避免和减少气象灾害的影响。

县气象局应当组织开展本辖区气象灾害风险区划和评估，分灾种编制气象灾害风险区划图，为县政府经济社会发展布局和编制气象灾害防御方案、应急预案提供依据。风险评估的主要任务包括：识别和确定面临的气象灾害风险，评估风险的强度和概率以及其可能带来的负面影响及影响程度，确定受影响地区承受风险的能力，确定风险消减和控制的优先程度与等级，推荐降低和消减风险的相关政策。

8.2.2　部门联动制度

部门联动制度是全社会防灾减灾体系的重要组成部分。相关部门应加快减灾管理行政体系的完善，出台明确的部门联动相关规定与制度，提高各部门联动的执行意识和积极性。针对气象灾害、安全事故、公共卫生、社会治安等公共安全问题的划分，要进一步系统完善政府与各部门在减灾工作中的职能与责权的划分，做到分工协作，整体提高，强化信息与资源共享，加强联动处置，完善防灾减灾综合管理能力。同时，各部门应加强突发公共事件预警信息发布平台的应用。

8.2.3 应急准备认证制度

减少气象灾害风险最好的办法是根据气象预报警报及时、科学、有效地进行撤离、躲避和防御。要真正降低气象灾害风险，不仅应提高气象灾害的监测预报准确率和气象服务保障水平，更要在平时将气象灾害应急防御提高到一个新的水平。为有效促进和提高基层单位的气象灾害应急准备工作和主动防御能力，推动全社会防灾减灾体系建设，需要实施气象灾害应急准备认证制度。

气象灾害应急准备工作认证，是对城区集镇、气象灾害重点防御单位、普通企事业单位、农业种养大户等的气象防灾减灾基础设施和组织体系进行评定，以此促进气象灾害应急准备工作的落实，提高气象灾害预警信息的接收、分发、应用能力和气象灾害的监测、报告、应对能力，从而确保重大气象灾害发生时能够有效地保护人民群众的生命财产安全。

8.2.4 目击报告制度

目前气象设施对气象灾害的监测能力虽然有了显著增

强，但仍然存在许多监测的缝隙，需要建立目击报告制度，从而使气象部门对正在发生或已经发生的气象灾害和灾情有及时详细的了解，为进一步的监测预警打下基础，从而提高气象灾害的防御能力。各乡镇气象助理员、行政村气象信息员应当承担灾害性天气和气象灾害信息的收集与上报工作，并协助气象等部门的工作人员进行灾害的调查、评估和鉴定，及时将辖区内发生的气象灾害、次生衍生灾害及其他突发公共事件上报。气象部门应鼓励社会公众向气象部门第一时间上报目击信息，对目击报告人员给予一定的奖励。

8.2.5　气候可行性论证制度

为避免或减轻规划和建设项目实施后可能受气象灾害、气候变化的影响，及其可能对局地气候产生的影响，依据《中华人民共和国气象法》《气候可行性论证管理办法》，建立气候可行性论证制度，开展规划与建设项目气候适宜性、风险性以及可能对局地气候产生影响的评估，编制气候可行性论证报告，并将气候可行性论证报告纳入规划或建设项目可行性研究报告的审查内容。

8.3 气象灾害应急预案

8.3.1 组织方式

叙永县气象灾害防御指挥部是全县气象灾害应急管理工作行政领导机构,县气象局负责实施气象灾害应急工作和指挥机构的日常工作。

8.3.2 应急流程

(1)预警启动级别。按气象灾害的强度及可能或已经造成的危害程度将气象灾害预警启动级别分为四个等级:特别重大气象灾害预警(Ⅰ级)、重大气象灾害预警(Ⅱ级)、较大气象灾害预警(Ⅲ级)、一般气象灾害预警(Ⅳ级)。县气象局根据气象灾害监测、预报、预警信息及可能发生或已经发生的气象灾害情况,启动不同预警级别的应急响应部门服务工作预案进行工作部署,并上报气象灾害应急指挥部总指挥,通知成员单位。

(2)应急响应机制。对于将影响全县的气象灾害,指挥部总指挥召集各成员单位主要负责人召开气象灾害应急协调会议,做出响应部署。按照指挥机构的统一部署,各成员单位按照各自职责，立即启动相应等级的气象灾害应急防御、救援、保障等行动，确保气象灾害应急预案有效实施，并及时向气象灾害应急指挥部报告，同时通报各成员单位。对于突发气象灾害，县气象局直接与将受气象灾害影响区域的单位联系，直接启动乡镇、行政村相应的应急预案。

（3）信息报告和审查。发现气象灾害的单位和个人应立即向县气象局报告。县气象局对收集到的气象灾害信息进行分析审查，符合救援标准的，及时提出处置建议，迅速报告指挥机构，并上报上级气象主管部门。

（4）灾害先期处置。气象灾害发生后，事发地人民政府、县直有关部门和责任单位应及时、主动、有效地进行处置，控制事态，并将时间和有关先期处置情况按规定上报县气象局和县政府应急管理办公室。

（5）应急终止。气象灾害应急结束后，由县气象局提出应急结束建议，上报气象灾害应急指挥部同意批准后实施。

8.4　气象灾害调查评估制度

8.4.1　气象灾害的调查

气象灾害发生后，以民政部门为主体，对气象灾害所造成的损失进行全面调查，水利、农业、林业、气象、国土、建设、交通、保险等部门按照各部门职责共同参与调查，及时提供并交换水文灾害、重大农业灾害、重大森林火灾、地址灾害、环境灾害等信息。气象部门还应当重点调查分析灾害的原因。

8.4.2 气象灾害的评估

县气象局应当开展气象灾害的灾前预评估、灾中评估和灾害评估工作。

8.4.2.1 灾前预评估

气象灾害出现之前，依据灾害的风险区划和气象灾害预报，对将受影响区域和等级做出可能影响的评估，是政府启动防御方案的重要依据，预评估应当包括气象灾害强度、可能影响的区域、行业和不同风险区应当采取的对策等。

8.4.2.2 灾中评估

对于一些影响时间比较长的气象灾害，如干旱、洪涝等，应当滚动进行灾中评估。应用多普勒雷达资料、气象遥感卫星监测图、自动气象站等先进技术，跟踪气象灾害的发展，快速反应灾情实况。预估已造成的灾害损失和扩大损失，同时对减灾效益进行预估。开展气象灾害实地调查，及时与民政、水利、农业、林业等部门交换并核对灾情信息，并将灾情信息按照灾情直报的规程报告上级气象主管机构和同级人民政府。

8.4.2.3 灾后评估

灾后对灾害情况和成因、灾害对社会经济发展的影响以及气象灾害监测预警、应急处置和减灾效益做出全面评估，编制气象灾害评估报告，为政府及时安排救灾物资、划拨救灾经费、科学规划和设计灾后重建工程等提供依据。在对当前灾情充分调查研究并与历史灾情进行对比的基础上，针对灾害发生的规律、变化、特点，不断修正和完善气象灾害的风险区划、应急预案和防御规划，为防灾减灾工作做出更好的指导。

8.5 气象灾害防御教育与培训

8.5.1 气象科普宣传教育

广泛开展中小学气象科普实践教育活动，让气象科普活动常进校园。继续积极推进县气象科普基地创建，动员基层力量开展广泛的气象科普工作。要制定气象科普工作长远计划和年度实施方案，并按方案组织实施，把气象科普工作纳入经济和社会发展总体规划。领导班子要重视气象科普工作，要有专人负责日常气象科普工作。建立由气象信息员、气象科普宣传员、气象志愿者等组成的气象科普队伍，经常向群众宣传气象科普知识，每年结合农时季节，组织不少于两次面向村民的气象科普培训或科普宣传活动。

8.5.2　气象灾害防御培训

广泛开展全社会气象灾害防御知识的宣传，增强人民群众的气象灾害防御能力。加强全社会的气象灾害防御知识的宣传，将气象灾害防御知识列入中小学教育体系，加强对农民、中小学生等防灾减灾知识和防灾技能的宣传教育；定期组织气象灾害防御演练，提高全社会灾害防御意识和正确使用气象信息及自救互救能力。

把气象助理员和气象信息员队伍气象防灾减灾知识纳入年度培训。气象助理员和气象信息员是气象部门的"耳目"，肩负着协助气象部门管理本辖区内的气象信息传播、气象灾害防御、气象灾害和灾情调查报告、气象基础设施维护等工作。对气象助理员和气象信息员队伍进行系统和专业的培训是十分必要的。把气象助理员和气象信息员队伍的气象防灾减灾知识学习纳入年度培训，可以很好地利用现有社会资源，在节省大量的人力、物力的同时，尽可能使得培训常态化、规模化、系统化，为气象助理员队伍的健康发展奠定坚实的基础。

9 叙永县气象灾害防御体系建设

9.1 气象监测预警系统建设

气象灾害预报预警作为应急响应体系的重要组成部分，必须首先做到预报准确、及时发布，才能切实增强叙永县灾害应急处理能力，进而显著提高政府防灾减灾决策措施的社会效益。为了更好地提升叙永县气象建设的现代化程度，从叙永县气象防灾减灾需求出发，提高短时、短期预报的准确度，逐步推进叙永县气象预报预警系统的建设具备十分重要的意义，它将极大地提升叙永县气象部门的业务技术水平和社会服务功效。

9.1.1　精细化预报预警系统

建立以上级精细化指导预报和细网格数值模式为基础的无缝隙、细网格、数字化的精细化预报订正及预警系统，提高山区灾害性、高影响天气预报预警准确率和精细化水平。开展 SWAN 系统和 Micaps 系统本地化二次开发；建设基于 GIS 系统的精细化预报服务业务工作平台；完善精细化预报业务体系和流程；利用历史和实况气象资料数据库，建立集资料查询、预报分析、本地产品制作、预报质量检验、决策气象服务系统、实时灾情查询等系统于一体的多功能精细化气象数据显示应用平台，实现气象资料查询和应用的自动化和图形化。研究中小河流、山洪地质灾害预警阈值，实现中小河流、山洪地质灾害预警预报本地化，建立中小流域短时暴雨预报预警系统。建设市县两级高清电视会商系统硬件平台、应用软件系统、配套设施，改造场地环境，实现省、市、县高清视频天气会商。

9.1.2　灾害性天气监测预警系统

在 SWAN 系统和人影作业平台的基础上，结合泸州 X 波段和风廓线雷达资料，完善强回波自动报警系统后，建立叙永降水估测业务系统。加强对南部山地以及赤水河谷地区气象要素因子预报的研究，形成适用本地的暴雨、高温伏旱、寒潮、低温雨雪、大雾等灾害性天气客观预报方法。建立灾害性天气落区预报检验系统，开展灾害性天气分乡镇客观预报业务，发布 24 小时预报时效 6 小时间隔的短时强降水预报产品。开展中小流域山洪、滑坡、泥石流气象风险的监测预警技术和方法研究。

完善叙永降水估测系统；基于数值预报产品，建立分类强对流天气短时概率预报业务，开展灾害性天气客观预报方法的应用试验，完善灾害性天气落区预报业务系统，建立集约有序的灾害性天气预报业务流程。完善中小流域山洪、滑坡、泥石流气象风险的监测预警技术和方法。

9.1.3 气象灾害评估业务系统

在实现精细化预报产品制作的基础上，利用暴雨、干旱、霜冻等灾害评估的相关方法与技术，结合叙永本地实际情况，建立科学合理、切实可行的灾害天气对农业建设的破坏性分析预测、灾害天气对农业产业及各类公益设施的破坏性分析预测，等等。

9.2 天气气候监测系统建设

为满足叙永县中小尺度灾害性天气系统监测和服务社

会经济发展需求，在充分评估现有气象观测能力的基础上，统筹设计城乡气象观测系统的规模和布局，积极争取气象观测设施建设纳入城乡整体发展规划，对叙永县现有地面气象观测站进行站网优化，在资料稀疏区、灾害多发区、天气关键区和服务重点区等地方建设无人自动气象站。

9.2.1　国家气象观测站升级改造

改造升级网络带宽、服务器和数据库为气象现代化提供保障支撑，加快全县国家级气象站监测设施建设与升级改造，安装云、能见度、天气现象自动观测，建成县级一体化综合观测业务平台，提高国家气象站自动化监测水平，实现气象灾害监测全自动稳定可靠运行，具备每分钟获取一次数据和每分钟传输一次数据的能力。

9.2.2　区域自动气象站网增建

依据全县气象灾害分布特征、区域监测重点、监测功能需求，对区域自动气象站进行补充和改造。组建叙永区域气象观测骨干站网。在热门旅游景点，山洪地质灾害多发区以及中小河流域增设自动气象站；在高速公路、国道等交通干线附近，进行能见度自动监测网加密建设；建立覆盖全县范围的闪电定位监测网，对雷电现象进行更好的跟踪和预警。建设城乡生态监测网，开展土壤湿度、大气温湿度等监测，基本满足全县中小尺度灾害天气监测需求。

通过以上设施建设，基本建立观测内容较齐全、密度适宜、布局合理、自动化程度高的现代气象综合监测网，可满足今后一段时期气象灾害防御与现代气象业务服务的发展需要。

9.3　气象防灾减灾能力提升

完善气象防灾减灾体制机制建设，建设体现多灾种综合、多部门联动、多环节应对及处置一体化的城市群多灾种早期预警服务系统，同时针对城市突发气象灾害特点，建立城市气象服务系统。做好城市高影响天气的气象服务，为城市运行部门的调度、指挥、联动提供决策参考依据，确保城市运行安全有序，推进社区、农村的气象服务管理机制创新。优化县、乡（镇）气象防灾减灾机构，建设气象灾害预警中心，对重大气象保障做出快速反应。完善气象灾害应急预案，健全气象灾害预报预警和应急响应机制。以"气象灾害普查""山洪地质灾害防治气象保障工程""山洪灾害县级非工程措施项目""2014 年全省暴雨洪涝灾害风险普查""全国公路交通气象灾害风险普查"等项目普查资料为基础，建立气象灾害信息数据库、基础信息数据库和灾情管理系统；编制气象灾害防御规划和气象灾害风险区划，开展城乡气象灾害应急准备认证，实施气象灾害评估、气候可行性认证。积极推进社区防灾减灾工程建设，建立乡（镇）气象信息服务站、气象协理员、气象信息员和气象灾害防御志愿者队伍，完善管理制度和激励机制。建设人工影响天气作业及其配套设施，完善标准化炮箭站建设；建立自动化空域申报系统和作业指挥系统、作业效果评估系统。

9.4 公共气象服务

9.4.1 突发事件预警信息发布系统

建设"国家突发公共事件预警信息发布平台"，建成政府、气象和相关部门间相互衔接、规范统一、权威高效的突发公共事件信息发布系统，实现包括气象灾害预警信息在内的各类突发公共事件预警信息的快速发布。

9.4.2 气象应急保障服务系统

新建新型气象应急移动指挥车和相应的气象应急服务系统平台软件；新增便携式自动气象站，使突发公共事件现场气象应急保障服务系统快速、高效，满足现代社会发展服务需求。

9.4.3　城市气象服务系统

建立城市综合气象观测系统和适应城市网络化、数字化管理的气象灾害监测预警体系，建设城市突发强降水、高温、雾、霾等多灾种早期预警系统；建立主要针对城市洪涝、干旱、风灾、雾灾、雷电灾害、冰雪灾害等气象灾害监测预警预报系统；建立完善城市排水管道、大型工程建筑防灾气象参数指标体系，为城市建设、产业集聚区布局和重大工程建设提供气象科技支撑。

9.4.4　交通气象服务系统

加强部门合作，开展交通干线大雾、强风、强降雨等气象灾害和路面温度、路面结冰、能见度等气象条件的预报预警，为政府决策、公众出行、公路交通安全管理和运营调度、客货运输、公路养护、配套设施保障提供服务。

9.4.5　生态气象服务系统

在全县建设雾霾观测站，主要设备包括能见度自动观测仪、颗粒物浓度监测仪等。开展负氧离子、紫外线和酸雨观测。建立生态环境分析服务系统、雾霾天气预报预警系统，科学判断未来发展演变趋势和全面分析评估雾霾的成因及危害。利用卫星遥感监测信息，开展生态环境、水环境、火险、积雪、洪涝监测分析。

9.4.6　旅游气象服务系统

在画稿溪风景区等主要景区建设旅游自动气象站，开展气温、降水、负氧离子等气象要素观测。开展旅游景区气象灾害预警、预报和评估分析；研发旅游气象服务产品，向旅游景区和公众提供季节性、区域性、特色性的旅游气象信息服务。

9.5　防汛抗旱防御工程建设

9.5.1　防汛防御工程建设

在洪涝高风险区，提高水利设施的防御标准，使其与经济社会发展相适应，降低暴雨洪涝灾害发生的风险性。对防洪工程开展综合治理，修筑堤防，整治河道，合理采取蓄、泄、滞、分等工程措施。

加强防洪应急避险，确保居住在病险水库下游、山体易滑坡地带、低洼地带、有结构安全隐患房屋等危险区域的人群，遇洪涝灾害时及时转移到安全区域。

加强农田排涝管理，做好大田作物和设施农业田间管理，加强农田排涝设施建设和维护，遇洪涝灾害及时做好排涝。

通过监测预警系统的补充完善，达到自动监测站点覆盖全部小流域和暴雨集中区；通过预警系统补充完善，实现防治区内所有自然村都有必要的预警设施设备；通过对县级山洪灾害监测预警平台的完善，实现县到市、到省的专线互联互通，同时实现县到乡镇的专线延伸，提高预警信息发布的效率和覆盖范围，集成调查评价的成果，共享气象、水文等部门和上下游相临县的监测站数据。

9.5.2 抗旱防御工程建设

针对叙永县水利设施薄弱环节，加大水利设施投入力度，加快灌区配套和节水改造，推广农业节水设施和节水技术，增强水资源的综合利用率，扩大有效灌溉面积，增强农业抗灾能力。以水源工程、灌溉排水工程和节水灌溉工程为重点，采取"蓄、引、提"相结合的措施；在示范、引导的基础上，大力推广微灌、滴灌、喷灌等现代高效节水灌溉模式，切实解决工程性、资源性缺水问题，提高水资源利用率，降低自然灾害损失，促进农村经济社会持续稳步发展。

9.6　人工影响天气工程建设

依托现有的基础条件，建设覆盖全县的人工增雨指挥系统、催化作业系统、技术支持系统和效果评估系统，全面提升叙永县空中云水资源的监测、识别、预报、作业指挥能力，对全县可降水云系进行全天候空中地面立体化人工增雨防雹作业，实现人工增雨防雹工作的业务化、科学化和规模化。

9.6.1　建设人工影响天气地面综合监测系统

发展目标：到 2020 年，基本建成具有一定密度和各种现代化手段并用的气象监测网和人工影响天气作业指挥系统；人工影响天气作业能力基本覆盖全县，通过系统和体系建设，实现以防灾减灾为中心，立足农业抗旱增雨防雹工作，拓展服务领域，使作业整体效益显著提高，人工增雨提高 20%~30%，防雹保护面积在常降雹区基本达到全覆盖，基本适应农业防灾减灾、森林防火灭火及生态环境保护的需要；建立并逐步完善地面监测系统和地面催化子系统，以获取人工影响天气作业所需要的时间尺度上连续的和空间尺度上高分辨率的气象信息，从而最大限度地开发利用空中水资源。布设多种作业工具，建立互为补充的地面人工增雨作业系统。

9.6.2 人工影响天气地面作业点系统

在现有 15 门高炮和两部车载移动火箭发射系统形成的地面联合增雨防雹作业网的基础上科学调整和布局地面作业网，完善地面作业系统，形成一定密度的点面结合、动静结合的人影作业体系。在灾害易发区和资源性缺水地区建立以固定高炮作业点为主，车载火箭相结合的作业装备模式。增加人工增雨火箭作业系统 2 套，与现有的 15 门高炮为主要装备的地面催化装备，构建基本覆盖全县的地面人工增雨防雹作业系统。

完善人工影响天气法规制度和技术标准体系建设，建立火箭发射装置等备件管理制度，建立各种设备操作、检修、管理规章制度。提高业务管理和综合保障能力，建成集监测、指挥、作业、效益评估和管理于一体的人工影响天气业务系统，开展作业效果检验和效益评估工作，显著提升人工影响作业效益。

地面固定作业点建设，按两库、两室、一台的标准建设，建设面积不小于 70 平方米。①两库。高炮（火箭）库房宜采用框架结构，建筑面积不小于 20 平方米；弹药库房按照危险品仓库建设标准建设，建筑面积不小于 10 平方米。

②两室。值班室宜采用砖混结构，建筑面积不小于 15 平方米；休息室宜采用砖混结构，建筑面积不小于 20 平方米。
③一台。平整夯实的 5 平方米作业平台。

9.7　雷电灾害防御工程

县域内高层建筑、重要建筑设施都必须按照有关的防雷技术规范安装相应的避雷设施，针对不同的建（构）筑物或场所，针对不同的信息系统及电子设备、电气设备，针对不同的地质、地理和气象环境条件，量身定制不同的雷电防护方案与实施防雷的相关活动。对重点建设工程、通信网络系统、易燃易爆和危险化学品生产存储场所及高大建筑物、烟囱、电杆、旗杆、铁塔等进行防雷装置的规范安装，对已投入使用的防雷设施要定时检查维护，认真执行防雷装置定期检测制度。

9.8 地质灾害防治工程

建立健全地质灾害监测预警网络。开展地质灾害调查评价，完善地质灾害群测群防网络体系，建立重要突发性地质灾害及地面沉降专业监测网络，实现地质灾害的监测预警。

提高地质灾害应急处置与救援能力。加强地质灾害应急处置和救援能力建设。组建应急队伍，开展救援演练，当收到地质灾害预警信息后，受影响地区的公众应当立即撤离危险区。地质灾害发生后，应急小分队应当快速反应，立即奔赴事发地点救援。

加大地质灾害勘查治理和搬迁避让。根据地质灾害点的规模、危害程度、防治难度以及经济合理性等实际情况，分别提出实施应急排险、勘查治理或搬迁避让的具体措施。

强化工程建设与地质灾害危险性评估。强化地质灾害易发区内工程建设项目及城市总体规划、村庄、集镇规划的地质灾害危险性评估，提出预防和治理地质灾害的措施，从源头上控制和预防地质灾害，最大限度地降低建设工程风险和维护费用。

加强地质灾害防治。积极推进新农村建设中各项地质灾害防治工作，加强农村地质灾害基本知识宣传，提高广大农民防灾抗灾意识和自救互救能力。

　　加强地质灾害防治信息系统建设。大力推进地质灾害防治信息资源的集成、整合、利用与开发，促进信息共享，实现地质灾害防治管理网络化、信息规范化、数据采集与处理自动化。

9.9　信息网络工程

　　完善通信运营商气象预警短信全网发布机制，通过手机短信、手机客户端、电子显示屏、语音喇叭、电话、传真、电视插播、微信、微博等多种发布手段，实现"气象突发事件预警信息发布系统"与社会资源的有机衔接。建立完善气象预警信息发布传播机制，扩展用户信息数据库，对接整合社会信息发布资源，形成覆盖不同地域、面向不同群体的气象预警信息发布与传播网络，实现预警信息传播及时、安全规范，不断扩大覆盖面。

9.9.1　气象信息平台

　　建设语音短信服务平台。内容包括：灾害天气预警信息采集、分析、编审、监控子系统，固话语音短信编辑录音子系统，语音短信及用户数据库子系统，语音短信远程维护子系统和通信子系统等。设备包括：灾害天气预警信息采编终端、信息监控终端、信息管理及维护终端、数据库服务器、通信服务器、路由器、高速通信线路等。

9.9.2　公众信息服务平台

公众信息服务平台包括在城镇的关键街区、人口密集区域、主要建筑物、公交设施上布设气象预警信息发布电子显示屏，以及为镇区配置流动广播服务设施等。利用手机短信息保证每户农民都能免费收到气象信息。

9.10　应急保障工程

加强应急保障工程建设，完善应急保障机制，配备气象应急车。当县内化工企业、油库等高危单位及交通干道等公共场所发生危险易燃易爆化学品、有毒气体泄漏扩散，或发生森林火灾时，第一时间开展现场气象应急保障。充分利用公共突发事件应急平台，实施全程监测预警，提供跟踪气象服务，为应急处置、决策服务提供科学支撑。

针对叙永县每年遭受暴雨、地质灾害影响的实际，充分利用目前的公共设施，如中小学校校舍、体育场馆等，在全县镇（街道）设置临时灾害避难所，安置转移人口。在暴雨、道路结冰、大雾影响期间开放高速公路沿线的服务区，供过往车辆避灾。

10 叙永县气象灾害防御保障措施

10.1 加强组织领导

县气象部门要组织编制本地的气象灾害防御规划,并纳入县国民经济和社会发展规划。统筹规划、分步实施气象灾害防御重大项目建设,强化基础设施建设。层层落实气象灾害防御的各项责任制,把气象灾害防御任务落到实处。各有关职能部门要按照职责分工,加强对气象灾害防御工程的组织管理和实施。建立灾害性天气信息通报与协调机制。

充分认识气象灾害防御的重要性,把气象灾害防御作为当前的一项重要工作,放在突出位置。建立由县政府统一领导，县气象、水务、国土、住建、民政等相关部门参与的气象灾害防御体系，统一决策、统一开展气象防灾减灾工作。要紧紧围绕防灾减灾这个主题，把气象灾害防御培训作为一个基础性工作来抓，为加强气象灾害防御组织领导夯实思想基础和组织基础。

10.2　纳入发展规划

气象灾害防御是国家公共安全的重要组成部分，是政府履行社会管理和公共服务职能的重要体现，是国家重要的基础性公益事业。编制气象灾害防御规划，指导各级气象防灾体系建设，强化气象防灾减灾能力和应对气候变化能力，对于落实科学发展观，全面建设小康社会和构建社会主义和谐社会，具有十分重要的意义。

四川省委、省政府历来高度重视防灾减灾工作，把防灾减灾工作作为国民经济建设的重要内容和构建公共安全体系的重要保障。特别是经过"5·12"汶川特大地震的重大考验，全省防灾减灾管理体制机制基本理顺，由各级人民政府、专业部门、企事业单位、社会组织、军队、武警部队以及社会公众构成的应急救援工作体系框架初步形成，社会防灾减灾意识普遍增强，自救互救能力有了较大提升，综合防灾减灾工作取得了显著成效。

泸州市委、市政府全面贯彻落实省委提出的"建立健全防灾减灾体系"的总体目标，深度融入"一带一路"、长江经济带、成渝城市群发展战略，加快泸州实现"决胜全面小康、建成区域中心"目标，牢固树立灾害风险管理和综合减灾理念，坚持以防为主、防抗救相结合，坚持常态救灾和非常态救灾相统一，努力实现从注重灾后救助向注重灾前预防转变，从减少灾害损失向减轻灾害风险转变，从应对单一灾种向综合减灾转变，全面推进防灾减灾体系建设。强化灾害风险防范措施，加强灾害风险隐患排查和治理，健全统筹协调机制，落实责任、完善体系、整合资源、统筹力量，努力提升综合防灾减灾救灾能力，保障泸州市经济社会全面协调可持续发展。

在制订叙永县社会经济发展规划大纲、城市总体规划时，把气象灾害防御工作纳入总体规划之中，把气象事业发展纳入全县经济发展的中长期规划和年度计划。在规划和计划编制中，充分体现气象防灾减灾的作用和地位，明确气象事业发展的目标和重点，实现叙永县经济社会和气象防灾减灾的协调发展。

10.3　加强法制建设

要始终以党的十九大精神，以马克思列宁主义、毛泽东思想、邓小平理论、"三个代表"重要思想、科学发展观为指导，深入贯彻习近平总书记系列重要讲话精神，坚持贯彻《中华人民共和国气象法》《气象灾害防御条例》和《气象设施和气象探测环境保护条例》等法律法规，依法行政，强化事中事后监管，落实气象安全责任，全面推进法治政府建设工作。

10.3.1　加强气象法制建设和气象行政管理

（1）切实履行社会行政管理职能，创新管理方式，依法管理涉及气象防灾减灾领域的各项活动，不断提高气象灾害防御行政执法的能力和水平。加大对气象基础设施的保护力度，加大对气象探测、预报预测、雷电灾害防御和公共气象信息传播等活动的监管力度，确保气象法律、法规全面落实。

（2）建立、完善气象灾害防御行政执法管理和监督机制，规范社会的气象灾害防御活动。开展有关气象防灾减灾执法检查，对气象灾害防御工作中由于失职、渎职造成重大人员伤亡和财产损失的事故，要坚决依法追究有关人员的责任。

10.3.2 深入推进行政审批工作改革，完善法治建设工作

（1）全面检查取消下放行政审批事项承接落实情况，切实解决取消、下放行政审批事项承接落实不到位问题。全面对照近年来国务院、省政府取消、下放的行政审批事项，再次进行对照检查，重点对照检查取消的行政审批事项，如对四川省人民政府关于取消非行政许可审批事项的决定涉及的取消其他部门新建、撤销气象台站审批进行重点核实，及时清理。

（2）对于已入驻政务中心的审批项目、防雷装置审计审核和竣工验收、升放无人驾驶自由气球或系留气球活动审批、大气环境影响评价，逐项与业务通用软件系统上载事项核对，做到目录与业务通用软件系统的事项名称、许可数量一致。统一制发文件和制作办事指南、格式文本和材料样本模版。

（3）全面规范行政审批行为，切实解决服务质量不优、服务效率不高等问题。严格按照《中华人民共和国行政许可法》《四川省实施行政许可规程》和《四川省政务服务条例》等有关规定，依法、规范进行审批。

10.3.3 加大宣传力度，多渠道宣传气象法律法规

（1）借助"3·23"世界气象日、"5·12"防灾减灾日、安全生产月、宪法日等重要纪念日，积极开展多种形式的气象法制和气象科普宣传活动，宣传《中华人民共和国气象法》《气象灾害防御条例》和《气象设施和气象探测环境保护条例》等法律法规。

（2）积极参加县司法局、县安监局等主办的法制宣传主题活动，发放气象知识和气象法律法规宣传资料，通过现场咨询回复等多渠道宣传气象法律法规。

（3）充分利用通信网络优势，通过天气预报手机短信、新闻网、县电视台等进行气象灾害预警和气象法律法规的宣传，让人民群众了解气象、认识气象、应用气象。

（4）结合精准帮扶工作，到对口联系的贫困村开展以法制宣讲、咨询、议案释法、播放法制宣传片、发放法制宣传资料为形式的"送法进村（社）"活动。

10.4 健全投入机制

紧密围绕人民群众需求和经济发展需要，建立和完善

气象灾害防御经费投入机制，切实加大对气象灾害监测预警、信息发布、应急指挥、防灾减灾工程等气象灾害防御工作的投入力度，多渠道筹集气象防灾减灾资金，将气象灾害防御规划纳入当地的国民经济和社会发展规划，将气象防灾减灾能力建设纳入财政预算，逐步提高气象灾害防御中财政投入的比重，使气象灾害防御的投入与国民经济和社会发展相协调。同时积极鼓励和引导企业、社会团体等各方面对气象灾害防御经费的投入，动员社会广泛参与气象灾害防御资金的募集，多渠道筹集气象防灾减灾资金。充分发挥市场机制的作用，按照"谁受益，谁投入"的原则，建设专业气象灾害监测预警系统。加快农业保险在气象防灾减灾中的作用，充分发挥金融保险行业对灾害的救助、损失的转移分担功能和在恢复重建工作中的作用。

10.5　依托科技创新

气象灾害防御工作要紧紧围绕叙永县经济社会发展需求，开发和利用气候资源，集中力量开展科研攻关，努力实现气象现代化科技新的突破，增强防御和减轻气象灾害能力，适应和减缓气候变化能力，为保持经济社会平稳较快发展提供有力支撑。加强气象科技创新，增加气象科技投入，加大对气象领域高新技术开发研究的支持，加快气象科技成果的应用和推广。

围绕现代农业气象、人工影响天气、雷电灾害防御等关键技术开展研究；针对叙永县山区的复杂地形特点，应用基于数值预报产品的解释应用、偏差订正和降水预报技术与方法，研究乡镇暴雨等灾害性天气的分型预报方法，提升对暴雨等灾害性天气的预警能力。运用暴雨、强降水、雾霾、干旱、大风、雷击风险评估技术，开展气象灾害致灾因子、承灾体、孕灾环境的评估，建立气象灾害灾前、灾中、灾后评估模型和指标体系，进一步把理论与实际相联系，提升气象灾害风险预警与评估能力。

针对气象业务的急迫需求，完善应急科研立项管理机制，保证业务发展中急需解决的关键技术问题得到立项支持，每年申报至少一个课题；建立公开透明的科研项目资金管理机制，加大对基础性、重大关键领域研究的投入。构建科研成果测试与应用转化平台、加强对成果应用的宣传交流、应用培训与工作考核；建立科技成果业务准入制度，建立科研成果业务转化机制，研究和制定科研成果转化效益评估办法，加强科研项目和业务建设项目的统筹，实现对成果从研发到转化应用的全程支持。建立合理的科研与业务工作制度，改进对科技工作的考核评价制度；完善科技奖励制度，对科技研发、成果转化应用等工作给予表彰和奖励。遴选在气象科技上取得重大进展、在业务服务中发挥重要支撑和引领作用的科技成果，推荐申报各级科技奖励。

加强气象领域高新技术开发研究，加快气象科技成果的应用和推广，大力提升气象灾害预报预测能力和防灾减灾能力。加强新材料、新设备、新技术在气象监测设施和防灾减灾工程设施中的应用，提高气象灾害防御设施的科技含量。加强气象灾害防御信息网络建设，推进防灾减灾管理现代化。加快前沿科技成果在气象灾害防御工作中的应用，开展气象灾害成灾规律、成灾条件、发生机理、预报预测、风险评估、防御对策等方面的科学技术研究。

深入开展气候变化、极端天气气候事件对经济社会发展及能源、水资源、粮食生产、生态环境等的影响评估和应对措施研究，实现气象灾害监测预报和气候变化影响评估的新突破。坚持创新驱动业务发展，围绕提高预报、预测准确率和精细化、服务针对性和定量化需求，集中解决制约业务服务发展的关键科技问题。坚持以效率为核心的科技管理体制，优化科技资源配置，改进完善气象科技分类评价和科技奖励制度。推进创新团队建设，促进业务科技人才快速成长。加强与周边区县的合作，促进资源信息共享和人才交流。

10.6 促进合作联动

县级各相关部门要加强合作联动，建立长效合作机制，实现资源共享，特别是气象灾害监测、预警和灾情信息的实时共享，促进气象防灾减灾能力不断提高，利用交流合作契机，丰富防灾减灾内涵。建设高素质气象科技服务队伍，扩大气象交流与合作，促进气象事业全面协调可持续发展，为地方经济发展和防灾减灾提供强有力保障。

县政府应急办负责综合协调气象灾害应对工作中的相关问题，及时向市政府应急办报送较大以上突发事件信息。

县气象局负责灾害性天气的监测、预警和信息发布工作；及时向应急指挥部提供启动、终止应对气象灾害预案和组织抢险救灾的决策依据和建议；适时通过媒体宣传气象灾害防御知识。

县发展改革局牵头制定灾后恢复与重建方案；争取国家灾后恢复重建项目资金；调控抢险救灾重要物资和灾区生活必需品价格。

县经济和商务局负责救援所需的电力、成品油、煤炭、天然气协调及药品和医疗器械储备的综合管理；负责协调救援物资的生产和调运，保障灾区肉菜等重要生活必需品的供应；配合县发展和改革局等部门做好市场价格稳定工作，整顿市场秩序，确保市场稳定。

县教育局负责指导、督促校园风险隐患排查；根据避险需要制定应急预案，确保在校人员安全。

县公安局负责维护灾区社会稳定、交通疏导和交通管制工作，组织公安、消防救援力量参加抢险救灾工作。

县人武部负责组织武警官兵参加抢险救灾和灾后重建工作，在乡、镇政府的统一领导下参加抢险救援，维护灾区的社会稳定。

县民政局负责受灾群众转移安置、灾后困难群众生活救助和倒损民房恢复重建工作；核查和上报灾情；组织、指导开展救灾捐赠工作。

县财政局负责防灾减灾经费的筹措、调拨和监督使用，确保防灾减灾工程抢险应急及抢险救灾资金及时到位；协同有关部门向上级财政申请救灾补助资金。

县国土资源局做好地质灾害防治工作的组织、协调、指导和监督工作，具体负责威胁城镇居民和乡村农户住房安全的地质灾害防治工作。

县环境保护局负责环境污染的监测预警工作，减轻灾害对环境造成的污染、破坏等影响；指导灾区消除环境污染带来的危害。

县住房和城乡规划建设局负责指导督促城市供排水、

供气等市政设施正常运行；组织力量对城镇受损房屋建筑和市政基础设施进行安全评估；负责组织受灾村镇恢复重建规划编制工作。

县交通运输局负责督促和指导高速公路运营部门、乡镇做好高速公路、321 国道和普通公路除雪除冰防滑和雾霾天气应对，配合公安交管部门做好交通疏导，尽快恢复城市交通；负责协调公路管理部门对被困在公路上的车辆及人员提供必要的应急救援；协助乡镇及有关部门实施道路应急救援工作。

县水务局负责组织江河洪水的监测预报和旱情监测，指导、督促乡镇完成损毁水利工程修复和农村供水设施修复，提供农村生产、生活用水。

县农业局负责编制农业气象灾害应对预案；及时了解和掌握农作物受灾情况，组织农技员对受灾农户给予技术指导和服务，指导农民开展生产自救。指导编制畜牧业气象灾害应对预案；负责指导因灾被困畜禽的紧急救助工作；采取措施预防动物疫病发生，对因灾死亡畜禽及时进行无害化处理。

县林业局负责编制林业气象灾害应对预案；及时了解和掌握林业受灾情况，组织专家对受灾林木、林业设施进行评估，为恢复工作提供技术指导和服务。

县烟办负责编制烟草气象灾害应对预案；及时了解和掌握烟草受灾情况，组织专家对受灾烟草进行评估，为恢复生产提供技术指导和服务。

县卫生局负责组织灾区的医疗救治和卫生防疫工作。

县文体广电局负责督促指导广播电视媒体及时播报气象灾害预警信息，指导协调各级播出机构组织抗灾救灾工作宣传报道和气象灾害防灾减灾、自救互救相关知识的宣传。

县安监局负责编制因气象灾害引发的安全生产事故灾难应急预案，协调有关部门对气象灾害引发的安全生产事故进行应急救援。

县旅游局负责指导旅游系统编制气象灾害应对预案；协调有关部门实施对因灾害滞留灾区的团队游客的救援。

县粮食局负责灾区基本生活所需粮油的储运、调配等保障工作。

县国资公司负责联系所监管企业的气象灾害应急处置工作。

叙永电信分公司、叙永移动分公司、叙永联通分公司负责编制针对受损通信设施和线路的抢修和恢复行业气象灾害应对预案，保障救灾指挥系统和重要部门的通信畅通。

县供电有限责任公司负责县内电网电力设施、设备的抢险抢修，保障抢险救灾工作的用电需求，及时恢复重要停电用户的供电。

各乡镇负责组织乡镇抢险队伍、现场抢险、抢险后勤工作、受灾群众安置、灾情统计上报等。

切实加强推进各乡镇、部门间，以及部门和乡镇、部门和企业、卫生和教育机构间的相互合作，确保上下联动，不断深化合作领域和层次，及时解决防灾减灾工作中遇到的突出问题。合理配置各种防灾减灾资源，加强气象灾害防御信息资源共享，联合组织实施相关重大工程、科研计划和人才培养计划。

10.7　提高防灾意识

加强气象灾害防御宣传，组织开展内容丰富、形式多样的气象灾害防御知识宣传培训活动。报纸、电视、广播等新闻媒体要牢牢抓住灾害防御的特殊性、针对性和实效性，加强宣传引导，普及防灾、减灾、抗灾、救灾知识，特别是要对广大农民、中小学生、新居民等进行防灾减灾知识和防灾技能的宣传教育，增强全民防灾减灾意识，提高正确使用气象信息及自救互救能力。加强乡镇信息站和气象信息员队伍建设，保证有气象信息员负责气象灾害预警信息的接收传播以及灾情收集与上报、气象科普宣传等工作，协助乡、镇政府和有关部门做好气象防灾减灾工作。

充分发挥社会力量的作用，加大气象科普教育基地建设力度，加强对社会尤其是对重点地区和人群的防灾减灾科学知识和技能的宣传教育。不断完善和规范气象科普网络。组织开展气象灾害易发、多发区防灾减灾演练。将气象灾害防御知识纳入国民教育体系，提高社会气象防灾减灾意识，提高广大人民群众自救互救能力。加强社会舆论宣传引导，做好相关科学解释和说明工作，增强公众抗御气象灾害的信心。

10.8　强化气象灾害防御队伍建设

加强气象灾害监测预警专业人才培训，优化队伍结构，建立良好的人才引进、培养、流动和评价机制，多渠道发展气象灾害防御人才队伍。加强气象灾害防御专家队伍、管理队伍和应急救援队伍建设，形成气象灾害应急救援骨干力量。加强基层防灾志愿者队伍和乡镇、乡村、社区气象灾害防御队伍建设，在乡镇设立气象协理员岗位，在社区、乡村设立兼职或专职气象信息员，切实做好基层气象灾害防御工作。

以加快建设气象防灾专业技术队伍、防灾专家队伍、防灾应急救援队伍和基层防御队伍为重点，构建强有力的气象灾害防御队伍。建立有效的人才培养和引进机制，加强灾害监测预警专业人才培训，优化队伍结构，建设高素质的防灾专业技术队伍。组建气象灾害防御专家队伍，为防范和应对气象灾害提供决策咨询。组织多方协作的防灾应急救援队伍，充分依靠武警部队、公安民警、民兵预备役和各部门（行业）抢险队伍，形成气象灾害应急救援骨干力量。积极动员社会团体、企事业单位以及志愿者等各种社会力量参与应急救援工作。加强基层气象灾害防御队伍建设，在社区建立防灾志愿者队伍和气象灾害防御队伍，设立乡、镇气象协理员，协助气象灾害防御管理工作；在村（社区）设立兼职或专职气象信息员，及时接收和传递灾害性天气预警信息和灾害信息，报告灾害性天气实况和灾情，参与本村（社区）气象灾害防御方案的制订和气象灾害防御的科普宣传、应急处置和调查评估等工作。

加强对人才规划的实施和落实，抓好骨干人才培养和引进，推动实用型人才和县级综合气象业务技术带头人、青年业务骨干的培养和选拔，着力优化人才队伍的结构，尽快形成一支规模适当、门类齐全、梯次合理、素质优良、新老衔接、满足新时期气象事业发展需要，充满活力的创新型人才队伍，为叙永县现代化的新型气象事业更大发展提供有力的智力支撑和人才保障。

10.8.1 完善人才发展机制

结合叙永县气象部门的现状和发展需求，分类制定人才管理和培养制度、职业生涯规划、考核评价体系和奖励机制。建立各类各岗位的上岗条件，完善岗位考核评价机制，实行绩效工资与考核结果挂钩。

10.8.2　青年业务骨干培养

组织开展各类岗位练兵和技能竞赛活动，通过业务培训、轮岗等方式提高综合业务能力；对从事科研业务人员的年龄、学历、工作业绩和科研成果等进行综合分析，建立人才后备人选库；选拔责任心强、专业工作经历丰富、有一定业绩和科研成果的业务人员作为业务技术带头人；完善科研工作管理办法和奖励办法，鼓励结合工作实际，有针对性地申请课题和项目。加大资金的投入力度，选派优秀人才参加省市级业务单位学习，组织优秀人才到院校进修、参加学术交流，培养和造就一批业务素质高、创新能力强的气象骨干人才队伍。

10.8.3　基层人才队伍建设

建立多元人力资源保障体系，增加地方气象机构编制，积极探索政府购买服务解决工作力量不足的问题；在综合业务带头人选拔、业务技术培训等方面加大政策倾斜力度；建立人才交流制度，选拔业务骨干到上级业务单位学习交流；通过交流等多种方式加强对年轻干部的培养，坚持德才兼备、以德为先，促进人才建设。

10.9　后勤保障

10.9.1　资金准备

各乡镇、县级各部门（行业）要做好应对气象灾害的资金保障，一旦发生气象灾害，要及时安排和拨付应急救灾资金，确保救灾工作顺利进行。

10.9.2　物资储备

各乡镇、县级各部门（行业）要根据职责做好气象灾害抢险应急物资的储备，完善调运机制。

10.9.3　应急队伍

各乡镇、县级各部门（行业）要加强应急救援队伍的建设；各乡镇、村（社区）及有关部门应当确定人员，协助开展气象灾害防御知识宣传、应急联络、信息传递、灾情调查和灾害报告等工作。

10.9.4　预警准备

气象部门应建立和完善预警信息发布系统，与新闻媒体、通信运营企业等建立快速发布机制；新闻媒体、通信运营企业等要按有关要求及时播报气象灾害预警信息。

各乡镇、村（社区）及县级各部门收到气象灾害预警信息后，要密切关注天气变化及灾害发展趋势，有关人员应立即上岗到位，组织力量深入分析、评估可能造成的影响和危害，有针对性地提出预防和控制措施，落实抢险队伍和物资，确定紧急避难场所，做好启动应急响应的各项准备工作。

10.9.5　预警知识宣传教育

各乡镇、村（社区）和相关部门应组织做好预警信息的宣传教育工作，普及防灾减灾与自救互救知识，增强社会公众的防灾减灾意识，提高自救、互救能力。

10.10　加强跨区域合作和交流

利用叙永地处四川、云南、贵州三省交界处的优势，加大跨区域的气象防灾减灾及相关领域的科技交流合作力度，大力开发利用外省的气象科技资源，完善各区域间科技合作机制，加大人才引进和人才外送培养力度，引进、消化、吸收外省先进的气象防灾减灾技术和管理经验，提升叙永县气象灾害防御整体水平。充分发挥"鸡鸣三省"优势，深化叙永与云南省昭通市、贵州省毕节市的气象科学交流，共同实施合作项目，共同开展乌蒙山片区的气象研究，着力建设三省气象灾害防御交流合作的特色平台。

与周边地区的气象局在构建区域气象信息共享与会商平台、加强资料信息共享、加强合作与交流、联合成立技术开发团队、完善联防工作机制、建立联防协作长效机制等方面达成共识，成立联防工作领导小组、气象服务工作小组、技术装备保障小组和工作联络小组，从制度和组织层面上保证跨区域的合作和交流正常高效地开展。

三省三地区的跨区域合作和交流应以"团结协作、突出重点、紧密配合、优质服务"为原则，以重大气象灾害和跨区域性气象灾害联防为重点，以共同采取应对重大天气监测预警应急联动为措施，以提高气象服务准确性、预警信息及时性、应急联动有效性为目标，大力开展重大气象灾害研判协作，实现信息共享、责任共担、共同防御，充分发挥行业资源优势，提升气象灾害防御能力和气象服务水平，切实做好气象灾害防御工作。

跨省跨流域区域的合作和交流机制的建立，将进一步增强区域气象防灾减灾能力，提升气象服务工作的整体效益，为区域社会经济发展、人民福祉安康做出更大的贡献。

附录

中华人民共和国气象法（2016 年修正版）

（1999 年 10 月 31 日第九届全国人民代表大会常务委员会第十二次会议通过；根据 2009 年 8 月 27 日第十一届全国人民代表大会常务委员会《关于修改部分法律的决定》第一次修正，根据 2014 年 8 月 31 日第十二届全国人民代表大会常务委员会第十次会议《关于修改〈中华人民共和国保险法〉等五部法律的决定》第二次修正，根据 2016 年 11 月 7 日第十二届全国人民代表大会常务委员会第二十四次会议《关于修改〈中华人民共和国对外贸易法〉等十二部法律的决定》第三次修正）

第一章　总则

第一条　为了发展气象事业，规范气象工作，准确、及时地发布气象预报，防御气象灾害，合理开发利用和保护气候资源，为经济建设、国防建设、社会发展和人民生活提供气象服务，制定本法。

第二条　在中华人民共和国领域和中华人民共和国管辖的其他海域从事气象探测、预报、服务和气象灾害防御、气候资源利用、气象科学技术研究等活动，应当遵守本法。

第三条　气象事业是经济建设、国防建设、社会发展和人民生活的基础性公益事业，气象工作应当把公益性气象服务放在首位。

县级以上人民政府应当加强对气象工作的领导和协调，将气象事业纳入中央和地方同级国民经济和社会发展计划及财政预算，以保障其充分发挥为社会公众、政府决策和经济发展服务的功能。

县级以上地方人民政府根据当地社会经济发展的需要所建设的地方气象事业项目，其投资主要由本级财政承担。

气象台站在确保公益性气象无偿服务的前提下，可以依法开展气象有偿服务。

第四条　县、市气象主管机构所属的气象台站应当主要为农业生产服务，及时主动提供保障当地农业生产所需的公益性气象信息服务。

第五条　国务院气象主管机构负责全国的气象工作。地方各级气象主管机构在上级气象主管机构和本级人民政府的领导下，负责本行政区域内的气象工作。

国务院其他有关部门和省、自治区、直辖市人民政府其他有关部门所属的气象台站，应当接受同级气象主管机构对其气象工作的指导、监督和行业管理。

第六条　从事气象业务活动，应当遵守国家制定的气象技术标准、规范和规程。

第七条　国家鼓励和支持气象科学技术研究、气象科学知识普及，培养气象人才，推广先进的气象科学技术，保护气象科技成果，加强国际气象合作与交流，发展气象信息产业，提高气象工作水平。

各级人民政府应当关心和支持少数民族地区、边远贫困地区、艰苦地区和海岛的气象台站的建设和运行。

对在气象工作中做出突出贡献的单位和个人，给予奖励。

第八条　外国的组织和个人在中华人民共和国领域和中华人民共和国管辖的其他海域从事气象活动，必须经国务院气象主管机构会同有关部门批准。

第二章　气象设施的建设与管理

第九条　国务院气象主管机构应当组织有关部门编制气象探测设施、气象信息专用传输设施、大型气象专用技术装备等重要气象设施的建设规划，报国务院批准后实施。气象设施建设规划的调整、修改，必须报国务院批准。

编制气象设施建设规划，应当遵循合理布局、有效利用、兼顾当前与长远需要的原则，避免重复建设。

第十条　重要气象设施建设项目应当符合重要气象设施建设规划要求，并在项目建议书和可行性研究报告批准前，征求国务院气象主管机构或者省、自治区、直辖市气象主管机构的意见。

第十一条　国家依法保护气象设施，任何组织或者个人不得侵占、损毁或者擅自移动气象设施。

气象设施因不可抗力遭受破坏时，当地人民政府应当采取紧急措施，组织力量修复，确保气象设施正常运行。

第十二条　未经依法批准，任何组织或者个人不得迁移气象台站；确因实施城市规划或者国家重点工程建设，需要迁移国家基准气候站、基本气象站的，应当报经国务院气象主管机构批准；需要迁移其他气象台站的，应当报经省、自治区、直辖市气象主管机构批准。迁建费用由建设单位承担。

第十三条　气象专用技术装备应当符合国务院气象主管机构规定的技术要求，并经国务院气象主管机构审查合格；未经审查或者审查不合格的，不得在气象业务中使用。

第十四条　气象计量器具应当依照《中华人民共和国计量法》的有关规定，经气象计量检定机构检定。未经检定、检定不合格或者超过检定有效期的气象计量器具，不得使用。

国务院气象主管机构和省、自治区、直辖市气象主管机构可以根据需要建立气象计量标准器具，其各项最高计量标准器具依照《中华人民共和国计量法》的规定，经考核合格后，方可使用。

第三章　气象探测

第十五条　各级气象主管机构所属的气象台站，应当按照国务院气象主管机构的规定，进行气象探测并向有关气象主管机构汇交气象探测资料。未经上级气象主管机构批准，不得中止气象探测。

国务院气象主管机构及有关地方气象主管机构应当按照国家规定适时发布基本气象探测资料。

第十六条　国务院其他有关部门和省、自治区、直辖市人民政府其他有关部门所属的气象台站及其他从事气象探测的组织和个人，应当按照国家有关规定向国务院气象主管机构或者省、自治区、直辖市气象主管机构汇交所获得的气象探测资料。

各级气象主管机构应当按照气象资料共享、共用的原则，根据国家有关规定，与其他从事气象工作的机构交换有关气象信息资料。

第十七条　在中华人民共和国内水、领海和中华人民共和国管辖的其他海域的海上钻井平台和具有中华人民共和国国籍的在国际航线上飞行的航空器、远洋航行的船舶，应当按照国家有关规定进行气象探测并报告气象探测信息。

第十八条　基本气象探测资料以外的气象探测资料需要保密的，其密级的确定、变更和解密以及使用，依照《中华人民共和国保守国家秘密法》的规定执行。

第十九条　国家依法保护气象探测环境，任何组织和个人都有保护气象探测环境的义务。

第二十条　禁止下列危害气象探测环境的行为：

（一）在气象探测环境保护范围内设置障碍物、进行爆破和采石；

（二）在气象探测环境保护范围内设置影响气象探测设施工作效能的高频电磁辐射装置；

（三）在气象探测环境保护范围内从事其他影响气象探测的行为。

气象探测环境保护范围的划定标准由国务院气象主管机构规定。各级人民政府应当按照法定标准划定气象探测环境的保护范围，并纳入城市规划或者村庄和集镇规划。

第二十一条　新建、扩建、改建建设工程，应当避免危害气象探测环境；确实无法避免的，建设单位应当事先征得省、自治区、直辖市气象主管机构的同意，并采取相应的措施后，方可建设。

第四章　气象预报与灾害性天气警报

第二十二条　国家对公众气象预报和灾害性天气警报实行统一发布制度。

各级气象主管机构所属的气象台站应当按照职责向社会发布公众气象预报和灾害性天气警报，并根据天气变化情况及时补充或者订正。其他任何组织或者个人不得向社会发布公众气象预报和灾害性天气警报。

国务院其他有关部门和省、自治区、直辖市人民政府其他有关部门所属的气象台站，可以发布供本系统使用的专项气象预报。

各级气象主管机构及其所属的气象台站应当提高公众气象预报和灾害性天气警报的准确性、及时性和服务水平。

第二十三条　各级气象主管机构所属的气象台站应当根据需要，发布农业气象预报、城市环境气象预报、火险气象等级预报等专业气象预报，并配合军事气象部门进行国防建设所需的气象服务工作。

第二十四条　各级广播、电视台站和省级人民政府指定的报纸，应当安排专门的时间或者版面，每天播发或者刊登公众气象预报或者灾害性天气警报。

各级气象主管机构所属的气象台站应当保证其制作的气象预报节目的质量。

广播、电视播出单位改变气象预报节目播发时间安排的，应当事先征得有关气象台站的同意；对国计民生可能产生重大影响的灾害性天气警报和补充、订正的气象预报，应当及时增播或者插播。

第二十五条 广播、电视、报纸、电信等媒体向社会传播气象预报和灾害性天气警报，必须使用气象主管机构所属的气象台站提供的适时气象信息，并标明发布时间和气象台站的名称。通过传播气象信息获得的收益，应当提取一部分支持气象事业的发展。

第二十六条 信息产业部门应当与气象主管机构密切配合，确保气象通信畅通，准确、及时地传递气象情报、气象预报和灾害性天气警报。

气象无线电专用频道和信道受国家保护，任何组织或者个人不得挤占和干扰。

第五章 气象灾害防御

第二十七条 县级以上人民政府应当加强气象灾害监测、预警系统建设，组织有关部门编制气象灾害防御规划，并采取有效措施，提高防御气象灾害的能力。有关组织和个人应当服从人民政府的指挥和安排，做好气象灾害防御工作。

第二十八条 各级气象主管机构应当组织对重大灾害性天气的跨地区、跨部门的联合监测、预报工作，及时提出气象灾害防御措施，并对重大气象灾害作出评估，为本级人民政府组织防御气象灾害提供决策依据。

各级气象主管机构所属的气象台站应当加强对可能影响当地的灾害性天气的监测和预报，并及时报告有关气象主管机构。其他有关部门所属的气象台站和与灾害性天气监测、预报有关的单位应当及时向气象主管机构提供监测、预报气象灾害所需要的气象探测信息和有关的水情、风暴潮等监测信息。

第二十九条 县级以上地方人民政府应当根据防御气象灾害的需要，制定气象灾害防御方案，并根据气象主管机构提供的气象信息，组织实施气象灾害防御方案，避免或者减轻气象灾害。

第三十条 县级以上人民政府应当加强对人工影响天气工作的领导，并根据实际情况，有组织、有计划地开展人工影响天气工作。

国务院气象主管机构应当加强对全国人工影响天气工作的管理和指导。地方各级气象主管机构应当制定人工影响天气作业方案，并在本级人民政府的领导和协调下，管理、指导和组织实施人工影响天气作业。有关部门应当按照职责分工，配合气象主管机构做好人工影响天气的有关工作。

实施人工影响天气作业的组织必须具备省、自治区、直辖市气象主管机构规定的条件，并使用符合国务院气象主管机构要求的技术标准的作业设备，遵守作业规范。

第三十一条　各级气象主管机构应当加强对雷电灾害防御工作的组织管理，并会同有关部门指导对可能遭受雷击的建筑物、构筑物和其他设施安装的雷电灾害防护装置的检测工作。

安装的雷电灾害防护装置应当符合国务院气象主管机构规定的使用要求。

第六章　气候资源开发利用和保护

第三十二条　国务院气象主管机构负责全国气候资源的综合调查、区划工作，组织进行气候监测、分析、评价，并对可能引起气候恶化的大气成分进行监测，定期发布全国气候状况公报。

第三十三条　县级以上地方人民政府应当根据本地区气候资源的特点，对气候资源开发利用的方向和保护的重点作出规划。

地方各级气象主管机构应当根据本级人民政府的规划，向本级人民政府和同级有关部门提出利用、保护气候资源和推广应用气候资源区划等成果的建议。

第三十四条　各级气象主管机构应当组织对城市规划、国家重点建设工程、重大区域性经济开发项目和大型太阳能、风能等气候资源开发利用项目进行气候可行性论证。

具有大气环境影响评价资质的单位进行工程建设项目大气环境影响评价时，应当使用符合国家气象技术标准的气象资料。

第七章　法律责任

第三十五条　违反本法规定,有下列行为之一的,由有关气象主管机构按照权限责令停止违法行为,限期恢复原状或者采取其他补救措施,可以并处五万元以下的罚款;造成损失的,依法承担赔偿责任;构成犯罪的,依法追究刑事责任:

(一)侵占、损毁或者未经批准擅自移动气象设施的;

(二)在气象探测环境保护范围内从事危害气象探测环境活动的。

在气象探测环境保护范围内,违法批准占用土地的,或者非法占用土地新建建筑物或者其他设施的,依照《中华人民共和国城乡规划法》或者《中华人民共和国土地管理法》的有关规定处罚。

第三十六条　违反本法规定,使用不符合技术要求的气象专用技术装备,造成危害的,由有关气象主管机构按照权限责令改正,给予警告,可以并处五万元以下的罚款。

第三十七条　违反本法规定,安装不符合使用要求的雷电灾害防护装置的,由有关气象主管机构责令改正,给予警告。使用不符合使用要求的雷电灾害防护装置给他人造成损失的,依法承担赔偿责任。

第三十八条　违反本法规定,有下列行为之一的,由有关气象主管机构按照权限责令改正，给予警告，可以并处五万元以下的罚款：

（一）非法向社会发布公众气象预报、灾害性天气警报的；

（二）广播、电视、报纸、电信等媒体向社会传播公众气象预报、灾害性天气警报，不使用气象主管机构所属的气象台站提供的适时气象信息的；

（三）从事大气环境影响评价的单位进行工程建设项目大气环境影响评价时，使用的气象资料不符合国家气象技术标准的。

第三十九条　违反本法规定，不具备省、自治区、直辖市气象主管机构规定的条件实施人工影响天气作业的，或者实施人工影响天气作业使用不符合国务院气象主管机构要求的技术标准的作业设备的，由有关气象主管机构按照权限责令改正，给予警告，可以并处十万元以下的罚款；给他人造成损失的，依法承担赔偿责任；构成犯罪的，依法追究刑事责任。

第四十条　各级气象主管机构及其所属气象台站的工作人员由于玩忽职守，导致重大漏报、错报公众气象预报、灾害性天气警报，以及丢失或者毁坏原始气象探测资料、伪造气象资料等事故的，依法给予行政处分；致使国家利益和人民生命财产遭受重大损失，构成犯罪的，依法追究刑事责任。

第八章　附　则

第四十一条　本法中下列用语的含义是：

（一）气象设施，是指气象探测设施、气象信息专用传输设施、大型气象专用技术装备等。

（二）气象探测，是指利用科技手段对大气和近地层的大气物理过程、现象及其化学性质等进行的系统观察和测量。

（三）气象探测环境，是指为避开各种干扰保证气象探测设施准确获得气象探测信息所必需的最小距离构成的环境空间。

（四）气象灾害，是指台风、暴雨（雪）、寒潮、大风（沙尘暴）、低温、高温、干旱、雷电、冰雹、霜冻和大雾等所造成的灾害。

（五）人工影响天气，是指为避免或者减轻气象灾害，合理利用气候资源，在适当条件下通过科技手段对局部大气的物理、化学过程进行人工影响，实现增雨雪、防雹、消雨、消雾、防霜等目的的活动。

第四十二条　气象台站和其他开展气象有偿服务的单位，从事气象有偿服务的范围、项目、收费等具体管理办法，由国务院依据本法规定。

第四十三条　中国人民解放军气象工作的管理办法，由中央军事委员会制定。

第四十四条　中华人民共和国缔结或者参加的有关气象活动的国际条约与本法有不同规定的，适用该国际条约的规定；但是，中华人民共和国声明保留的条款除外。

第四十五条　本法自 2000 年 1 月 1 日起施行。1994 年 8 月 18 日国务院发布的《中华人民共和国气象条例》同时废止。

气象灾害防御条例

（2010 年 1 月 20 日经国务院第 98 次常务会议通过，
2010 年 1 月 27 日中华人民共和国国务院令第 570 号公布，
自 2010 年 4 月 1 日起施行。根据 2017 年 10 月 7 日《国务院
关于修改部分行政法规的决定》修订）

第一章 总则

第一条 为了加强气象灾害的防御，避免、减轻气象
灾害造成的损失，保障人民生命财产安全，根据《中华人
民共和国气象法》，制定本条例。

第二条 在中华人民共和国领域和中华人民共和国管
辖的其他海域内从事气象灾害防御活动的，应当遵守本
条例。

本条例所称气象灾害，是指台风、暴雨（雪）、寒潮、
大风（沙尘暴）、低温、高温、干旱、雷电、冰雹、霜冻和
大雾等所造成的灾害。

水旱灾害、地质灾害、海洋灾害、森林草原火灾等因

气象因素引发的衍生、次生灾害的防御工作，适用有关法律、行政法规的规定。

第三条 气象灾害防御工作实行以人为本、科学防御、部门联动、社会参与的原则。

第四条 县级以上人民政府应当加强对气象灾害防御工作的组织、领导和协调，将气象灾害的防御纳入本级国民经济和社会发展规划，所需经费纳入本级财政预算。

第五条 国务院气象主管机构和国务院有关部门应当按照职责分工，共同做好全国气象灾害防御工作。

地方各级气象主管机构和县级以上地方人民政府有关部门应当按照职责分工，共同做好本行政区域的气象灾害防御工作。

第六条 气象灾害防御工作涉及两个以上行政区域的，有关地方人民政府、有关部门应当建立联防制度，加强信息沟通和监督检查。

第七条 地方各级人民政府、有关部门应当采取多种形式，向社会宣传普及气象灾害防御知识，提高公众的防灾减灾意识和能力。

学校应当把气象灾害防御知识纳入有关课程和课外教育内容，培养和提高学生的气象灾害防范意识和自救互救能力。教育、气象等部门应当对学校开展的气象灾害防御教育进行指导和监督。

第八条 国家鼓励开展气象灾害防御的科学技术研究，

支持气象灾害防御先进技术的推广和应用，加强国际合作与交流，提高气象灾害防御的科技水平。

第九条　公民、法人和其他组织有义务参与气象灾害防御工作，在气象灾害发生后开展自救互救。

对在气象灾害防御工作中做出突出贡献的组织和个人，按照国家有关规定给予表彰和奖励。

第二章　预防

第十条　县级以上地方人民政府应当组织气象等有关部门对本行政区域内发生的气象灾害的种类、次数、强度和造成的损失等情况开展气象灾害普查，建立气象灾害数据库，按照气象灾害的种类进行气象灾害风险评估，并根据气象灾害分布情况和气象灾害风险评估结果，划定气象灾害风险区域。

第十一条　国务院气象主管机构应当会同国务院有关部门，根据气象灾害风险评估结果和气象灾害风险区域，编制国家气象灾害防御规划，报国务院批准后组织实施。

县级以上地方人民政府应当组织有关部门，根据上一级人民政府的气象灾害防御规划，结合本地气象灾害特点，编制本行政区域的气象灾害防御规划。

第十二条　气象灾害防御规划应当包括气象灾害发生发展规律和现状、防御原则和目标、易发区和易发时段、防御设施建设和管理以及防御措施等内容。

第十三条　国务院有关部门和县级以上地方人民政府应当按照气象灾害防御规划，加强气象灾害防御设施建设，做好气象灾害防御工作。

第十四条　国务院有关部门制定电力、通信等基础设施的工程建设标准，应当考虑气象灾害的影响。

第十五条　国务院气象主管机构应当会同国务院有关部门，根据气象灾害防御需要，编制国家气象灾害应急预案，报国务院批准。

县级以上地方人民政府、有关部门应当根据气象灾害防御规划，结合本地气象灾害的特点和可能造成的危害，组织制定本行政区域的气象灾害应急预案，报上一级人民政府、有关部门备案。

第十六条　气象灾害应急预案应当包括应急预案启动标准、应急组织指挥体系与职责、预防与预警机制、应急处置措施和保障措施等内容。

第十七条　地方各级人民政府应当根据本地气象灾害特点，组织开展气象灾害应急演练，提高应急救援能力。居民委员会、村民委员会、企业事业单位应当协助本地人民政府做好气象灾害防御知识的宣传和气象灾害应急演练工作。

第十八条　大风（沙尘暴）、龙卷风多发区域的地方各级人民政府、有关部门应当加强防护林和紧急避难场所等建设，并定期组织开展建（构）筑物防风避险的监督检查。

台风多发区域的地方各级人民政府、有关部门应当加强海塘、堤防、避风港、防护林、避风锚地、紧急避难场所等建设，并根据台风情况做好人员转移等准备工作。

第十九条　地方各级人民政府、有关部门和单位应当根据本地降雨情况，定期组织开展各种排水设施检查，及时疏通河道和排水管网，加固病险水库，加强对地质灾害易发区和堤防等重要险段的巡查。

第二十条　地方各级人民政府、有关部门和单位应当根据本地降雪、冰冻发生情况，加强电力、通信线路的巡查，做好交通疏导、积雪（冰）清除、线路维护等准备工作。

有关单位和个人应当根据本地降雪情况，做好危旧房屋加固、粮草储备、牲畜转移等准备工作。

第二十一条　地方各级人民政府、有关部门和单位应当在高温来临前做好供电、供水和防暑医药供应的准备工作，并合理调整工作时间。

第二十二条　大雾、霾多发区域的地方各级人民政府、有关部门和单位应当加强对机场、港口、高速公路、航道、渔场等重要场所和交通要道的大雾、霾的监测设施建设，做好交通疏导、调度和防护等准备工作。

第二十三条　各类建（构）筑物、场所和设施安装雷电防护装置应当符合国家有关防雷标准的规定。新建、改建、扩建建（构）筑物、场所和设施的雷电防护装置应当与主体工程同时设计、同时施工、同时投入使用。

新建、改建、扩建建设工程雷电防护装置的设计、施工，可以由取得相应建设、公路、水路、铁路、民航、水利、电力、核电、通信等专业工程设计、施工资质的单位承担。

油库、气库、弹药库、化学品仓库和烟花爆竹、石化等易燃易爆建设工程和场所，雷电易发区内的矿区、旅游景点或者投入使用的建（构）筑物、设施等需要单独安装雷电防护装置的场所，以及雷电风险高且没有防雷标准规范、需要进行特殊论证的大型项目，其雷电防护装置的设计审核和竣工验收由县级以上地方气象主管机构负责。未经设计审核或者设计审核不合格的，不得施工；未经竣工验收或者竣工验收不合格的，不得交付使用。

房屋建筑、市政基础设施、公路、水路、铁路、民航、水利、电力、核电、通信等建设工程的主管部门，负责相应领域内建设工程的防雷管理。

第二十四条　从事雷电防护装置检测的单位应当具备下列条件，取得国务院气象主管机构或者省、自治区、直辖市气象主管机构颁发的资质证：

（一）有法人资格；

（二）有固定的办公场所和必要的设备、设施；

（三）有相应的专业技术人员；

（四）有完备的技术和质量管理制度；

（五）国务院气象主管机构规定的其他条件。

第二十五条 地方各级人民政府、有关部门应当根据本地气象灾害发生情况，加强农村地区气象灾害预防、监测、信息传播等基础设施建设，采取综合措施，做好农村气象灾害防御工作。

第二十六条 各级气象主管机构应当在本级人民政府的领导和协调下，根据实际情况组织开展人工影响天气工作，减轻气象灾害的影响。

第二十七条 县级以上人民政府有关部门在国家重大建设工程、重大区域性经济开发项目和大型太阳能、风能等气候资源开发利用项目以及城乡规划编制中，应当统筹考虑气候可行性和气象灾害的风险性，避免、减轻气象灾害的影响。

第三章 监测、预报和预警

第二十八条 县级以上地方人民政府应当根据气象灾害防御的需要，建设应急移动气象灾害监测设施，健全应急监测队伍，完善气象灾害监测体系。

县级以上人民政府应当整合完善气象灾害监测信息网络，实现信息资源共享。

第二十九条 各级气象主管机构及其所属的气象台站应当完善灾害性天气的预报系统，提高灾害性天气预报、警报的准确率和时效性。

各级气象主管机构所属的气象台站、其他有关部门所属的气象台站和与灾害性天气监测、预报有关的单位应当根据气象灾害防御的需要，按照职责开展灾害性天气的监测工作，并及时向气象主管机构和有关灾害防御、救助部门提供雨情、水情、风情、旱情等监测信息。

各级气象主管机构应当根据气象灾害防御的需要组织开展跨地区、跨部门的气象灾害联合监测，并将人口密集区、农业主产区、地质灾害易发区域、重要江河流域、森林、草原、渔场作为气象灾害监测的重点区域。

第三十条　各级气象主管机构所属的气象台站应当按照职责向社会统一发布灾害性天气警报和气象灾害预警信号，并及时向有关灾害防御、救助部门通报；其他组织和个人不得向社会发布灾害性天气警报和气象灾害预警信号。

气象灾害预警信号的种类和级别，由国务院气象主管机构规定。

第三十一条　广播、电视、报纸、电信等媒体应当及时向社会播发或者刊登当地气象主管机构所属的气象台站提供的适时灾害性天气警报、气象灾害预警信号，并根据当地气象台站的要求及时增播、插播或者刊登。

第三十二条　县级以上地方人民政府应当建立和完善气象灾害预警信息发布系统，并根据气象灾害防御的需要，在交通枢纽、公共活动场所等人口密集区域和气象灾害易发区域建立灾害性天气警报、气象灾害预警信号接收和播发设施，并保证设施的正常运转。

乡（镇）人民政府、街道办事处应当确定人员，协助气象主管机构、民政部门开展气象灾害防御知识宣传、应急联络、信息传递、灾害报告和灾情调查等工作。

第三十三条　各级气象主管机构应当做好太阳风暴、地球空间暴等空间天气灾害的监测、预报和预警工作。

第四章　应急处置

第三十四条　各级气象主管机构所属的气象台站应当及时向本级人民政府和有关部门报告灾害性天气预报、警报情况和气象灾害预警信息。

县级以上地方人民政府、有关部门应当根据灾害性天气警报、气象灾害预警信号和气象灾害应急预案启动标准，及时作出启动相应应急预案的决定，向社会公布，并报告上一级人民政府；必要时，可以越级上报，并向当地驻军和可能受到危害的毗邻地区的人民政府通报。

发生跨省、自治区、直辖市大范围的气象灾害，并造成较大危害时，由国务院决定启动国家气象灾害应急预案。

第三十五条　县级以上地方人民政府应当根据灾害性天气影响范围、强度，将可能造成人员伤亡或者重大财产损失的区域临时确定为气象灾害危险区，并及时予以公告。

第三十六条　县级以上地方人民政府、有关部门应当根据气象灾害发生情况，依照《中华人民共和国突发事件应对法》的规定及时采取应急处置措施；情况紧急时，及时动员、组织受到灾害威胁的人员转移、疏散，开展自救互救。

对当地人民政府、有关部门采取的气象灾害应急处置措施，任何单位和个人应当配合实施，不得妨碍气象灾害救助活动。

第三十七条 气象灾害应急预案启动后，各级气象主管机构应当组织所属的气象台站加强对气象灾害的监测和评估，启用应急移动气象灾害监测设施，开展现场气象服务，及时向本级人民政府、有关部门报告灾害性天气实况、变化趋势和评估结果，为本级人民政府组织防御气象灾害提供决策依据。

第三十八条 县级以上人民政府有关部门应当按照各自职责，做好相应的应急工作。

民政部门应当设置避难场所和救济物资供应点，开展受灾群众救助工作，并按照规定职责核查灾情、发布灾情信息。

卫生主管部门应当组织医疗救治、卫生防疫等卫生应急工作。

交通运输、铁路等部门应当优先运送救灾物资、设备、药物、食品，及时抢修被毁的道路交通设施。

住房城乡建设部门应当保障供水、供气、供热等市政公用设施的安全运行。

电力、通信主管部门应当组织做好电力、通信应急保障工作。

国土资源部门应当组织开展地质灾害监测、预防工作。

农业主管部门应当组织开展农业抗灾救灾和农业生产技术指导工作。

水利主管部门应当统筹协调主要河流、水库的水量调度，组织开展防汛抗旱工作。

公安部门应当负责灾区的社会治安和道路交通秩序维护工作，协助组织灾区群众进行紧急转移。

第三十九条 气象、水利、国土资源、农业、林业、海洋等部门应当根据气象灾害发生的情况，加强对气象因素引发的衍生、次生灾害的联合监测，并根据相应的应急预案，做好各项应急处置工作。

第四十条 广播、电视、报纸、电信等媒体应当及时、准确地向社会传播气象灾害的发生、发展和应急处置情况。

第四十一条 县级以上人民政府及其有关部门应当根据气象主管机构提供的灾害性天气发生、发展趋势信息以及灾情发展情况，按照有关规定适时调整气象灾害级别或者作出解除气象灾害应急措施的决定。

第四十二条 气象灾害应急处置工作结束后，地方各级人民政府应当组织有关部门对气象灾害造成的损失进行调查，制定恢复重建计划，并向上一级人民政府报告。

第五章 法律责任

第四十三条 违反本条例规定，地方各级人民政府、各级气象主管机构和其他有关部门及其工作人员，有下列行为之一的，由其上级机关或者监察机关责令改正；情节严重的，对直接负责的主管人员和其他直接责任人员依法给予处分；构成犯罪的，依法追究刑事责任：

（一）未按照规定编制气象灾害防御规划或者气象灾害应急预案的；

（二）未按照规定采取气象灾害预防措施的；

（三）向不符合条件的单位颁发雷电防护装置检测资质证的；

（四）隐瞒、谎报或者由于玩忽职守导致重大漏报、错报灾害性天气警报、气象灾害预警信号的；

（五）未及时采取气象灾害应急措施的；

（六）不依法履行职责的其他行为。

第四十四条 违反本条例规定，有下列行为之一的，由县级以上地方人民政府或者有关部门责令改正；构成违反治安管理行为的，由公安机关依法给予处罚；构成犯罪的，依法追究刑事责任：

（一）未按照规定采取气象灾害预防措施的；

（二）不服从所在地人民政府及其有关部门发布的气象灾害应急处置决定、命令，或者不配合实施其依法采取的气象灾害应急措施的。

第四十五条 违反本条例规定，有下列行为之一的，由县级以上气象主管机构或者其他有关部门按照权限责令停止违法行为，处 5 万元以上 10 万元以下的罚款；有违法所得的，没收违法所得；给他人造成损失的，依法承担赔偿责任：

（一）无资质或者超越资质许可范围从事雷电防护装置检测的；

（二）在雷电防护装置设计、施工、检测中弄虚作假的。

（三）违反本条例第二十三条第三款的规定，雷电防护装置未经设计审核或者设计审核不合格施工的，未经竣工验收或者竣工验收不合格交付使用的。

第四十六条 违反本条例规定，有下列行为之一的，由县级以上气象主管机构责令改正，给予警告，可以处 5 万元以下的罚款；构成违反治安管理行为的，由公安机关依法给予处罚：

（一）擅自向社会发布灾害性天气警报、气象灾害预警信号的；

（二）广播、电视、报纸、电信等媒体未按照要求播发、刊登灾害性天气警报和气象灾害预警信号的；

（三）传播虚假的或者通过非法渠道获取的灾害性天气信息和气象灾害灾情的。

第六章　附则

第四十七条　中国人民解放军的气象灾害防御活动，按照中央军事委员会的规定执行。

第四十八条　本条例自 2010 年 4 月 1 日起施行。

国家气象灾害应急预案

1　总则

1.1　编制目的

建立健全气象灾害应急响应机制，提高气象灾害防范、处置能力，最大限度地减轻或者避免气象灾害造成人员伤亡、财产损失，为经济和社会发展提供保障。

1.2　编制依据

依据《中华人民共和国突发事件应对法》《中华人民共和国气象法》《中华人民共和国防沙治沙法》《中华人民共和国防洪法》《人工影响天气管理条例》《中华人民共和国防汛条例》《中华人民共和国抗旱条例》《森林防火条例》《草原防火条例》《国家突发公共事件总体应急预案》等法律法规和规范性文件，制定本预案。

1.3　适用范围

本预案适用于我国范围内台风、暴雨（雪）、寒潮、大风（沙尘暴）、低温、高温、干旱、雷电、冰雹、霜冻、冰冻、大雾、霾等气象灾害事件的防范和应对。

因气象因素引发水旱灾害、地质灾害、海洋灾害、森林草原火灾等其他灾害的处置，适用有关应急预案的规定。

1.4　工作原则

以人为本、减少危害。把保障人民群众的生命财产安全作为首要任务和应急处置工作的出发点，全面加强应对气象灾害的体系建设，最大程度减少灾害损失。

预防为主、科学高效。实行工程性和非工程性措施相结合，提高气象灾害监测预警能力和防御标准。充分利用现代科技手段，做好各项应急准备，提高应急处置能力。

依法规范、协调有序。依照法律法规和相关职责，做好气象灾害的防范应对工作。加强各地区、各部门的信息沟通，做到资源共享，并建立协调配合机制，使气象灾害应对工作更加规范有序、运转协调。

分级管理、属地为主。根据灾害造成或可能造成的危害和影响，对气象灾害实施分级管理。灾害发生地人民政府负责本地区气象灾害的应急处置工作。

2　组织体系

2.1　国家应急指挥机制

发生跨省级行政区域大范围的气象灾害，并造成较大危害时，由国务院决定启动相应的国家应急指挥机制，统一领导和指挥气象灾害及其次生、衍生灾害的应急处置工作：

——台风、暴雨、干旱引发江河洪水、山洪灾害、渍涝灾害、台风暴潮、干旱灾害等水旱灾害，由国家防汛抗旱总指挥部负责指挥应对工作。

——暴雪、冰冻、低温、寒潮，严重影响交通、电力、能源等正常运行，由国家发展改革委启动煤电油气运保障工作部际协调机制；严重影响通信、重要工业品保障、农牧业生产、城市运行等方面，由相关职能部门负责协调处置工作。

——海上大风灾害的防范和救助工作由交通运输部、农业部和国家海洋局按照职能分工负责。

——气象灾害受灾群众生活救助工作，由国家减灾委组织实施。

2.2 地方应急指挥机制

对上述各种灾害，地方各级人民政府要先期启动相应的应急指挥机制或建立应急指挥机制，启动相应级别的应急响应，组织做好应对工作。国务院有关部门进行指导。

高温、沙尘暴、雷电、大风、霜冻、大雾、霾等灾害由地方人民政府启动相应的应急指挥机制或建立应急指挥机制负责处置工作，国务院有关部门进行指导。

3 监测预警

3.1 监测预报

3.1.1 监测预报体系建设

各有关部门要按照职责分工加快新一代天气雷达系统、气象卫星工程、水文监测预报等建设,优化加密观测网站,完善国家与地方监测网络,提高对气象灾害及其次生、衍生灾害的综合监测能力。建立和完善气象灾害预测预报体系,加强对灾害性天气事件的会商分析,做好灾害性、关键性、转折性重大天气预报和趋势预测。

3.1.2 信息共享

气象部门及时发布气象灾害监测预报信息,并与公安、民政、环保、国土资源、交通运输、铁道、水利、农业、卫生、安全监管、林业、电力监管、海洋等相关部门建立相应的气象及气象次生、衍生灾害监测预报预警联动机制,实现相关灾情、险情等信息的实时共享。

3.1.3 灾害普查

气象部门建立以社区、村镇为基础的气象灾害调查收集网络,组织气象灾害普查、风险评估和风险区划工作,编制气象灾害防御规划。

3.2 预警信息发布

3.2.1 发布制度

气象灾害预警信息发布遵循"归口管理、统一发布、快速传播"原则。气象灾害预警信息由气象部门负责制作并按预警级别分级发布,其他任何组织、个人不得制作和向社会发布气象灾害预警信息。

3.2.2 发布内容

气象部门根据对各类气象灾害的发展态势,综合预评估分析确定预警级别。预警级别分为I级(特别重大)、II级(重大)、III级(较大)、IV级(一般),分别用红、橙、黄、蓝四种颜色标示,I级为最高级别,具体分级标准见附则。

气象灾害预警信息内容包括气象灾害的类别、预警级别、起始时间、可能影响范围、警示事项、应采取的措施和发布机关等。

3.2.3 发布途径

建立和完善公共媒体、国家应急广播系统、卫星专用广播系统、无线电数据系统、专用海洋气象广播短波电台、移动通信群发系统、无线电数据系统、中国气象频道等多种手段互补的气象灾害预警信息发布系统,发布气象灾害预警信息。同时,通过国家应急广播和广播、电视、报刊、互联网、手机短信、电子显示屏、有线广播等相关媒体以及一切可能的传播手段及时向社会公众发布气象灾害预警信息。涉及可能引发次生、衍生灾害的预警信息通过有关信息共享平台向相关部门发布。

地方各级人民政府要在学校、机场、港口、车站、旅游景点等人员密集公共场所，高速公路、国道、省道等重要道路和易受气象灾害影响的桥梁、涵洞、弯道、坡路等重点路段，以及农牧区、山区等建立起畅通、有效的预警信息发布与传播渠道，扩大预警信息覆盖面。对老、幼、病、残、孕等特殊人群以及学校等特殊场所和警报盲区应当采取有针对性的公告方式。

气象部门组织实施人工影响天气作业前，要及时通知相关地方和部门，并根据具体情况提前公告。

3.3 预警准备

各地区、各部门要认真研究气象灾害预报预警信息，密切关注天气变化及灾害发展趋势，有关责任人员应立即上岗到位，组织力量深入分析、评估可能造成的影响和危害，尤其是对本地区、本部门风险隐患的影响情况，有针对性地提出预防和控制措施，落实抢险队伍和物资，做好启动应急响应的各项准备工作。

3.4 预警知识宣传教育

地方各级人民政府和相关部门应做好预警信息的宣传教育工作，普及防灾减灾知识，增强社会公众的防灾减灾意识，提高自救、互救能力。

4 应急处置

4.1 信息报告

有关部门按职责收集和提供气象灾害发生、发展、损失以及防御等情况，及时向当地人民政府或相应的应急指挥机构报告。各地区、各部门要按照有关规定逐级向上报告，特别重大、重大突发事件信息，要向国务院报告。

4.2 响应启动

按气象灾害程度和范围，及其引发的次生、衍生灾害类别，有关部门按照其职责和预案启动响应。

当同时发生两种以上气象灾害且分别发布不同预警级别时，按照最高预警级别灾种启动应急响应。当同时发生两种以上气象灾害且均没有达到预警标准，但可能或已经造成损失和影响时，根据不同程度的损失和影响在综合评估基础上启动相应级别应急响应。

4.3 分部门响应

当气象灾害造成群体性人员伤亡或可能导致突发公共卫生事件时，卫生部门启动《国家突发公共事件医疗卫生救援应急预案》和《全国自然灾害卫生应急预案》。当气象灾害造成地质灾害时，国土资源部门启动《国家突发地质灾害应急预案》。当气象灾害造成重大环境事件时，环境保护部门启动《国家突发环境事件应急预案》。当气象灾害造成海上船舶险情及船舶溢油污染时，交通运输部门启动《国家海上搜救应急预案》和"中国海上船舶溢油应急计划"。当气象灾害引发水旱灾害时，防汛抗旱部门启动《国家防汛抗旱应急预案》。当气象灾害引发城市洪涝时，水利、住房城乡建设部门启动相关应急预案。当气象灾害造成涉及农业生产事件时，农业部门启动《农业重大自然灾害突发事件应急预案》或《渔业船舶水上安全突发事件应急预案》。当气象灾害引发森林草原火灾时，林业、农业部门启动《国家处置重、特大森林火灾应急预案》和《草原火灾应急预案》。当发生沙尘暴灾害时，林业部门启动《重大沙尘暴灾害应急预案》。当气象灾害引发海洋灾害时，海洋部门启动《风暴潮、海浪、海啸和海冰灾害应急预案》。当气象灾害引发生产安全事故时，安全监管部门启动相关生产安全事故应急预案。当气象灾害造成煤电油气运保障工作出现重大突发问题时，国家发展改革委启动煤电油气运保障工作部际协调机制。当气象灾害造成重要工业品保障出现重大突发问题时，工业和信息化部启动相关应急预案。当气象灾害造成严重损失，需进行紧急生活救助时，民政部门启动《国家自然灾害救助应急预案》。

发展改革、公安、民政、工业和信息化、财政、交通运输、铁道、水利、商务、电力监管等有关部门按照相关预案，做好气象灾害应急防御和保障工作。新闻宣传、外交、教育、科技、住房城乡建设、广电、旅游、法制、保险监管等部门做好相关行业领域协调、配合工作。解放军、武警部队、公安消防部队以及民兵预备役、地方群众抢险队伍等，要协助地方人民政府做好抢险救援工作。

气象部门进入应急响应状态，加强天气监测、组织专题会商，根据灾害性天气发生发展情况随时更新预报预警并及时通报相关部门和单位，依据各地区、各部门的需求，提供专门气象应急保障服务。

国务院应急办要认真履行职责，切实做好值守应急、信息汇总、分析研判、综合协调等各项工作，发挥运转枢纽作用。

4.4　分灾种响应

当启动应急响应后，各有关部门和单位要加强值班，密切监视灾情，针对不同气象灾害种类及其影响程度，采取应急响应措施和行动。新闻媒体按要求随时播报气象灾害预警信息及应急处置相关措施。

4.4.1　台风、大风

气象部门加强监测预报，及时发布台风、大风预警信号及相关防御指引，适时加大预报时段密度。

海洋部门密切关注管辖海域风暴潮和海浪发生发展动态，及时发布预警信息。

防汛部门根据风灾风险评估结果和预报的风力情况，与地方人民政府共同做好危险地带和防风能力不足的危房内居民的转移，安排其到安全避风场所避风。

民政部门负责受灾群众的紧急转移安置并提供基本生活救助。

住房城乡建设部门采取措施，巡查、加固城市公共服务设施，督促有关单位加固门窗、围板、棚架、临时建筑物等，必要时可强行拆除存在安全隐患的露天广告牌等设施。

交通运输、农业部门督促指导港口、码头加固有关设施，督促所有船舶到安全场所避风，防止船只走锚造成碰撞和搁浅；督促运营单位暂停运营、妥善安置滞留旅客。

教育部门根据防御指引、提示，通知幼儿园、托儿所、中小学和中等职业学校做好停课准备；避免在突发大风时段上学放学。

住房城乡建设、交通运输等部门通知高空、水上等户外作业单位做好防风准备，必要时采取停止作业措施，安排人员到安全避风场所避风。

民航部门做好航空器转场，重要设施设备防护、加固，做好运行计划调整和旅客安抚安置工作。

电力部门加强电力设施检查和电网运营监控，及时排除危险、排查故障。

农业部门根据不同风力情况发出预警通知，指导农业生产单位、农户和畜牧水产养殖户采取防风措施，减轻灾害损失；农业、林业部门密切关注大风等高火险天气形势，会同气象部门做好森林草原火险预报预警，指导开展火灾扑救工作。

各单位加强本责任区内检查，尽量避免或停止露天集体活动；居民委员会、村镇、小区、物业等部门及时通知居民妥善安置易受大风影响的室外物品。

相关应急处置部门和抢险单位随时准备启动抢险应急方案。

灾害发生后，民政、防汛、气象等部门按照有关规定进行灾情调查、收集、分析和评估工作。

4.4.2　暴雨

气象部门加强监测预报，及时发布暴雨预警信号及相关防御指引，适时加大预报时段密度。

防汛部门进入相应应急响应状态，组织开展洪水调度、堤防水库工程巡护查险、防汛抢险及灾害救助工作；会同地方人民政府组织转移危险地带以及居住在危房内的居民到安全场所避险。

民政部门负责受灾群众的紧急转移安置并提供基本生活救助。

教育部门根据防御指引、提示，通知幼儿园、托儿所、中小学和中等职业学校做好停课准备。

电力部门加强电力设施检查和电网运营监控，及时排除危险、排查故障。

公安、交通运输部门对积水地区实行交通引导或管制。

民航部门做好重要设施设备防洪防渍工作。

农业部门针对农业生产做好监测预警、落实防御措施,组织抗灾救灾和灾后恢复生产。

施工单位必要时暂停在空旷地方的户外作业。

相关应急处置部门和抢险单位随时准备启动抢险应急方案。

灾害发生后,民政、防汛、气象等部门按照有关规定进行灾情调查、收集、分析和评估工作。

4.4.3 暴雪、低温、冰冻

气象部门加强监测预报,及时发布低温、雪灾、道路结冰等预警信号及相关防御指引,适时加大预报时段密度。

海洋部门密切关注渤海、黄海的海冰发生发展动态,及时发布海冰灾害预警信息。

公安部门加强交通秩序维护,注意指挥、疏导行驶车辆;必要时,关闭易发生交通事故的结冰路段。

电力部门注意电力调配及相关措施落实,加强电力设备巡查、养护,及时排查电力故障;做好电力设施设备覆冰应急处置工作。

交通运输部门提醒做好车辆防冻措施,提醒高速公路、高架道路车辆减速;会同有关部门根据积雪情况,及时组织力量或采取措施做好道路清扫和积雪融化工作。

民航部门做好机场除冰扫雪,航空器除冰,保障运行安全,做好运行计划调整和旅客安抚、安置工作,必要时关闭机场。

住房城乡建设、水利等部门做好供水系统等防冻措施。

卫生部门采取措施保障医疗卫生服务正常开展，并组织做好伤员医疗救治和卫生防病工作。

住房城乡建设部门加强危房检查，会同有关部门及时动员或组织撤离可能因雪压倒塌的房屋内的人员。

民政部门负责受灾群众的紧急转移安置，并为受灾群众和公路、铁路等滞留人员提供基本生活救助。

农业部门组织对农作物、畜牧业、水产养殖采取必要的防护措施。

相关应急处置部门和抢险单位随时准备启动抢险应急方案。

灾害发生后，民政、气象等部门按照有关规定进行灾情调查、收集、分析和评估工作。

4.4.4 寒潮

气象部门加强监测预报，及时发布寒潮预警信号及相关防御指引，适时加大预报时段密度；了解寒潮影响，进行综合分析和评估工作。

海洋部门密切关注管辖海域风暴潮、海浪和海冰发生发展动态，及时发布预警信息。

民政部门采取防寒救助措施，开放避寒场所；实施应急防寒保障，特别对贫困户、流浪人员等应采取紧急防寒防冻应对措施。

住房城乡建设、林业等部门对树木、花卉等采取防寒措施。

农业、林业部门指导果农、菜农和畜牧水产养殖户采取一定的防寒和防风措施，做好牲畜、家禽和水生动物的防寒保暖工作。

卫生部门采取措施，加强低温寒潮相关疾病防御知识宣传教育，并组织做好医疗救治工作。

交通运输部门采取措施，提醒海上作业的船舶和人员做好防御工作，加强海上船舶航行安全监管。

相关应急处置部门和抢险单位随时准备启动抢险应急方案。

4.4.5　沙尘暴

气象部门加强监测预报，及时发布沙尘暴预警信号及相关防御指引，适时加大预报时段密度；了解沙尘影响，进行综合分析和评估工作。

农业部门指导农牧业生产自救，采取应急措施帮助受沙尘影响的灾区恢复农牧业生产。

环境保护部门加强对沙尘暴发生时大气环境质量状况监测，为灾害应急提供服务。

交通运输、民航、铁道部门采取应急措施，保证沙尘暴天气状况下的运输安全。

民政部门采取应急措施，做好救灾人员和物资准备。

相关应急处置部门和抢险单位随时准备启动抢险应急方案。

4.4.6　高温

气象部门加强监测预报，及时发布高温预警信号及相关防御指引，适时加大预报时段密度；了解高温影响，进行综合分析和评估工作。

电力部门注意高温期间的电力调配及相关措施落实，保证居民和重要电力用户用电，根据高温期间电力安全生产情况和电力供需情况，制订拉闸限电方案，必要时依据方案执行拉闸限电措施；加强电力设备巡查、养护，及时排查电力故障。

住房城乡建设、水利等部门做好用水安排，协调上游水源，保证群众生活生产用水。

建筑、户外施工单位做好户外和高温作业人员的防暑工作，必要时调整作息时间，或采取停止作业措施。

公安部门做好交通安全管理，提醒车辆减速，防止因高温产生爆胎等事故。

卫生部门采取积极应对措施，应对可能出现的高温中暑事件。

农业、林业部门指导紧急预防高温对农、林、畜牧、水产养殖业的影响。

相关应急处置部门和抢险单位随时准备启动抢险应急方案。

4.4.7　干旱

气象部门加强监测预报，及时发布干旱预警信号及相关防御指引，适时加大预报时段密度；了解干旱影响，进行综合分析；适时组织人工影响天气作业，减轻干旱影响。

农业、林业部门指导农牧户、林业生产单位采取管理和技术措施，减轻干旱影响；加强监控，做好森林草原火灾预防和扑救准备工作。

水利部门加强旱情、墒情监测分析，合理调度水源，组织实施抗旱减灾等方面的工作。

卫生部门采取措施，防范和应对旱灾导致的食品和饮用水卫生安全问题所引发的突发公共卫生事件。

民政部门采取应急措施，做好救灾人员和物资准备，并负责因旱缺水缺粮群众的基本生活救助。

相关应急处置部门和抢险单位随时准备启动抢险应急方案。

4.4.8 雷电、冰雹

气象部门加强监测预报，及时发布雷雨大风、冰雹预警信号及相关防御指引，适时加大预报时段密度；灾害发生后，有关防雷技术人员及时赶赴现场，做好雷击灾情的应急处置、分析评估工作，并为其他部门处置雷电灾害提供技术指导。

住房城乡建设部门提醒、督促施工单位必要时暂停户外作业。

电力部门加强电力设施检查和电网运营监控，及时排除危险、排查故障。

民航部门做好雷电防护,保障运行安全,做好运行计划调整和旅客安抚安置工作。

农业部门针对农业生产做好监测预警、落实防御措施,组织抗灾救灾和灾后恢复生产。

各单位加强本责任范围内检查,停止集体露天活动;居民委员会、村镇、小区、物业等部门提醒居民尽量减少户外活动和采取适当防护措施,减少使用电器。

相关应急处置部门和抢险单位随时准备启动抢险应急方案。

4.4.9 大雾、霾

气象部门加强监测预报,及时发布大雾和霾预警信号及相关防御指引,适时加大预报时段密度;了解大雾、霾的影响,进行综合分析和评估工作。

电力部门加强电网运营监控,采取措施尽量避免发生设备污闪故障,及时消除和减轻因设备污闪造成的影响。

公安部门加强对车辆的指挥和疏导,维持道路交通秩序。

交通运输部门及时发布雾航安全通知,加强海上船舶航行安全监管。

民航部门做好运行安全保障、运行计划调整和旅客安抚安置工作。

相关应急处置部门和抢险单位随时准备启动抢险应急方案。

4.5 现场处置

气象灾害现场应急处置由灾害发生地人民政府或相应应急指挥机构统一组织，各部门依职责参与应急处置工作。包括组织营救、伤员救治、疏散撤离和妥善安置受到威胁的人员，及时上报灾情和人员伤亡情况，分配救援任务，协调各级各类救援队伍的行动，查明并及时组织力量消除次生、衍生灾害，组织公共设施的抢修和援助物资的接收与分配。

4.6 社会力量动员与参与

气象灾害事发地的各级人民政府或应急指挥机构可根据气象灾害事件的性质、危害程度和范围，广泛调动社会力量积极参与气象灾害突发事件的处置，紧急情况下可依法征用、调用车辆、物资、人员等。

气象灾害事件发生后，灾区的各级人民政府或相应应急指挥机构组织各方面力量抢救人员，组织基层单位和人员开展自救和互救；邻近的省（区、市）、市（地、州、盟）人民政府根据灾情组织和动员社会力量，对灾区提供救助。

鼓励自然人、法人或者其他组织（包括国际组织）按照《中华人民共和国公益事业捐赠法》等有关法律法规的规定进行捐赠和援助。审计监察部门对捐赠资金与物资的使用情况进行审计和监督。

4.7　信息公布

气象灾害的信息公布应当及时、准确、客观、全面，灾情公布由有关部门按规定办理。

信息公布形式主要包括权威发布、提供新闻稿、组织报道、接受记者采访、举行新闻发布会等。

信息公布内容主要包括气象灾害种类及其次生、衍生灾害的监测和预警，因灾伤亡人员、经济损失、救援情况等。

4.8　应急终止或解除

气象灾害得到有效处置后，经评估，短期内灾害影响不再扩大或已减轻，气象部门发布灾害预警降低或解除信息，启动应急响应的机构或部门降低应急响应级别或终止响应。国家应急指挥机制终止响应须经国务院同意。

5　恢复与重建

5.1　制订规划和组织实施

受灾地区县级以上人民政府组织有关部门制订恢复重建计划，尽快组织修复被破坏的学校、医院等公益设施及交通运输、水利、电力、通信、供排水、供气、输油、广播电视等基础设施，使受灾地区早日恢复正常的生产生活秩序。

发生特别重大灾害，超出事发地人民政府恢复重建能力的，为支持和帮助受灾地区积极开展生产自救、重建家园，国家制订恢复重建规划，出台相关扶持优惠政策，中央财政给予支持；同时，依据支援方经济能力和受援方灾害程度，建立地区之间对口支援机制，为受灾地区提供人力、物力、财力、智力等各种形式的支援。积极鼓励和引导社会各方面力量参与灾后恢复重建工作。

5.2 调查评估

灾害发生地人民政府或应急指挥机构应当组织有关部门对气象灾害造成的损失及气象灾害的起因、性质、影响等问题进行调查、评估与总结，分析气象灾害应对处置工作经验教训，提出改进措施。灾情核定由各级民政部门会同有关部门开展。灾害结束后，灾害发生地人民政府或应急指挥机构应将调查评估结果与应急工作情况报送上级人民政府。特别重大灾害的调查评估结果与应急工作情况应逐级报至国务院。

5.3 征用补偿

气象灾害应急工作结束后，县级以上人民政府应及时归还因救灾需要临时征用的房屋、运输工具、通信设备等；造成损坏或无法归还的，应按有关规定采取适当方式给予补偿或做其他处理。

5.4 灾害保险

鼓励公民积极参加气象灾害事故保险。保险机构应当根据灾情，主动办理受灾人员和财产的保险理赔事项。保险监管机构依法做好灾区有关保险理赔和给付的监管。

6 应急保障

以公用通信网为主体，建立跨部门、跨地区气象灾害应急通信保障系统。灾区通信管理部门应及时采取措施恢复遭破坏的通信线路和设施，确保灾区通信畅通。

交通运输、铁路、民航部门应当完善抢险救灾、灾区群众安全转移所需车辆、火车、船舶、飞机的调配方案，确保抢险救灾物资的运输畅通。

工业和信息化部门应会同相关部门做好抢险救灾需要的救援装备、医药和防护用品等重要工业品保障方案。

民政部门加强生活类救灾物资储备，完善应急采购、调运机制。

公安部门保障道路交通安全畅通，做好灾区治安管理和救助、服务群众等工作。

农业部门做好救灾备荒种子储备、调运工作，会同相关部门做好农业救灾物资、生产资料的储备、调剂和调运工作。地方各级人民政府及其防灾减灾部门应按规范储备重大气象灾害抢险物资，并做好生产流程和生产能力储备的有关工作。

中央财政对达到《国家自然灾害救助应急预案》规定的应急响应等级的灾害，根据灾情及中央自然灾害救助标准，给予相应支持。

7 预案管理

本预案由国务院办公厅制定与解释。

预案实施后，随着应急救援相关法律法规的制定、修改和完善，部门职责或应急工作发生变化，或者应急过程中发现存在问题和出现新情况，国务院应急办应适时组织有关部门和专家进行评估，及时修订完善本预案。

县级以上地方人民政府及其有关部门要根据本预案，制订本地区、本部门气象灾害应急预案。

本预案自印发之日起实施。

8 附则

8.1 气象灾害预警标准

8.1.1 Ⅰ级预警

（1）台风：预计未来 48 小时将有强台风、超强台风登陆或影响我国沿海。

（2）暴雨：过去 48 小时 2 个及以上省（区、市）大部地区出现特大暴雨天气，预计未来 24 小时上述地区仍将出现大暴雨天气。

（3）暴雪：过去 24 小时 2 个及以上省（区、市）大部地区出现暴雪天气，预计未来 24 小时上述地区仍将出现暴雪天气。

（4）干旱：5个以上省（区、市）大部地区达到气象干旱重旱等级，且至少2个省（区、市）部分地区或两个大城市出现气象干旱特旱等级，预计干旱天气或干旱范围进一步发展。

（5）各种灾害性天气已对群众生产生活造成特别重大损失和影响，超出本省（区、市）处置能力，需要由国务院组织处置的，以及上述灾害已经启动Ⅱ级响应但仍可能持续发展或影响其他地区的。

8.1.2　Ⅱ级预警

（1）台风：预计未来48小时将有台风登陆或影响我国沿海。

（2）暴雨：过去48小时2个及以上省（区、市）大部地区出现大暴雨天气，预计未来24小时上述地区仍将出现暴雨天气；或者预计未来24小时2个及以上省（区、市）大部地区将出现特大暴雨天气。

（3）暴雪：过去24小时2个及以上省（区、市）大部地区出现暴雪天气，预计未来24小时上述地区仍将出现大雪天气；或者预计未来24小时2个及以上省（区、市）大部地区将出现15毫米以上暴雪天气。

（4）干旱：3~5个省（区、市）大部地区达到气象干旱重旱等级，且至少1个省（区、市）部分地区或1个大城市出现气象干旱特旱等级，预计干旱天气或干旱范围进一步发展。

（5）冰冻：过去 48 小时 3 个及以上省（区、市）大部地区出现冰冻天气，预计未来 24 小时上述地区仍将出现冰冻天气。

（6）寒潮：预计未来 48 小时 2 个及以上省（区、市）气温大幅下降并伴有 6 级及以上大风，最低气温降至 2 摄氏度以下。

（7）海上大风：预计未来 48 小时我国海区将出现平均风力达 11 级及以上大风天气。

（8）高温：过去 48 小时 2 个及以上省（区、市）出现最高气温达 37 摄氏度，且有成片 40 摄氏度及以上高温天气，预计未来 48 小时上述地区仍将出现 37 摄氏度及以上高温天气。

（9）灾害性天气已对群众生产生活造成重大损失和影响，以及上述灾害已经启动Ⅲ级响应但仍可能持续发展或影响其他地区的。

8.1.3　Ⅲ级预警

（1）台风：预计未来 48 小时将有强热带风暴登陆或影响我国沿海。

（2）暴雨：过去 24 小时 2 个及以上省（区、市）大部地区出现暴雨天气，预计未来 24 小时上述地区仍将出现暴雨天气；或者预计未来 24 小时 2 个及以上省（区、市）大部地区将出现大暴雨天气，且南方有成片或北方有分散的特大暴雨。

（3）暴雪：过去 24 小时 2 个及以上省（区、市）大部地区出现大雪天气，预计未来 24 小时上述地区仍将出现大雪天气；或者预计未来 24 小时 2 个及以上省（区、市）大部地区将出现暴雪天气。

（4）干旱：2 个省（区、市）大部地区达到气象干旱重旱等级，预计干旱天气或干旱范围进一步发展。

（5）寒潮：预计未来 48 小时 2 个及以上省（区、市）气温明显下降并伴有 5 级及以上大风，最低气温降至 4 摄氏度以下。

（6）海上大风：预计未来 48 小时我国海区将出现平均风力达 9~10 级大风天气。

（7）冰冻：预计未来 48 小时 3 个及以上省（区、市）大部地区将出现冰冻天气。

（8）低温：过去 72 小时 2 个及以上省（区、市）出现较常年同期异常偏低的持续低温天气，预计未来 48 小时上述地区气温持续偏低。

（9）高温：过去 48 小时 2 个及以上省（区、市）最高气温达 37 摄氏度，预计未来 48 小时上述地区仍将出现 37 摄氏度及以上高温天气。

（10）沙尘暴：预计未来 24 小时 2 个及以上省（区、市）将出现强沙尘暴天气。

（11）大雾：预计未来 24 小时 3 个及以上省（区、市）大部地区将出现浓雾天气。

（12）各种灾害性天气已对群众生产生活造成较大损失和影响，以及上述灾害已经启动Ⅳ级响应但仍可能持续发展或影响其他地区的。

8.1.4　Ⅳ级预警

（1）台风：预计未来48小时将有热带风暴登陆或影响我国沿海。

（2）暴雨：预计未来24小时2个及以上省（区、市）大部地区将出现暴雨天气，且南方有成片或北方有分散的大暴雨。

（3）暴雪：预计未来24小时2个及以上省（区、市）大部地区将出现大雪天气，且有成片暴雪。

（4）寒潮：预计未来48小时2个及以上省（区、市）将出现较明显大风降温天气。

（5）低温：过去24小时2个及以上省（区、市）出现较常年同期异常偏低的持续低温天气，预计未来48小时上述地区气温持续偏低。

（6）高温：预计未来48小时4个及以上省（区、市）将出现35摄氏度及以上，且有成片37摄氏度及以上高温天气。

（7）沙尘暴：预计未来24小时2个及以上省（区、市）将出现沙尘暴天气。

（8）大雾：预计未来24小时3个及以上省（区、市）大部地区将出现大雾天气。

（9）霾：预计未来 24 小时 3 个及以上省（区、市）大部地区将出现霾天气。

（10）霜冻：预计未来 24 小时 2 个及以上省（区、市）将出现霜冻天气。

（11）各种灾害性天气已对群众生产生活造成一定损失和影响。

各类气象灾害预警分级统计表

分级 ＼ 灾种	台风	暴雨	暴雪	寒潮	海上大风	沙尘暴	低温	高温	干旱	霜冻	冰冻	大雾	霾
Ⅰ级	√	√	√						√				
Ⅱ级	√	√	√	√	√			√	√	√			
Ⅲ级	√	√	√	√	√	√	√	√	√	√	√		
Ⅳ级	√	√	√	√		√	√	√		√	√	√	

由于我国地域辽阔，各种灾害在不同地区和不同行业造成影响程度差异较大，各地区、各有关部门要根据实际情况，结合以上标准在充分评估基础上，适时启动相应级别的灾害预警。

8.1.5 多种灾害预警

当同时发生两种以上气象灾害且分别达到不同预警级别时，按照各自预警级别分别预警。当同时发生两种以上气象灾害，且均没有达到预警标准，但可能或已经造成一定影响时，视情进行预警。

8.2 名词术语

台风是指生成于西北太平洋和南海海域的热带气旋系统，其带来的大风、暴雨等灾害性天气常引发洪涝、风暴潮、滑坡、泥石流等灾害。

暴雨一般指 24 小时内累积降水量达 50 毫米或以上，或 12 小时内累积降水量达 30 毫米或以上的降水，会引发洪涝、滑坡、泥石流等灾害。

暴雪一般指 24 小时内累积降水量达 10 毫米或以上，或 12 小时内累积降水量达 6 毫米或以上的固态降水，会对农牧业、交通、电力、通信设施等造成危害。

寒潮是指强冷空气的突发性侵袭活动，其带来的大风、降温等天气现象，会对农牧业、交通、人体健康、能源供应等造成危害。

大风是指平均风力大于 6 级、阵风风力大于 7 级的风，会对农业、交通、水上作业、建筑设施、施工作业等造成危害。

沙尘暴是指地面尘沙吹起造成水平能见度显著降低的天气现象，会对农牧业、交通、环境、人体健康等造成危害。

低温是指气温较常年异常偏低的天气现象，会对农牧业、能源供应、人体健康等造成危害。

高温是指日最高气温在 35 摄氏度以上的天气现象，会对农牧业、电力、人体健康等造成危害。

干旱是指长期无雨或少雨导致土壤和空气干燥的天气

现象，会对农牧业、林业、水利以及人畜饮水等造成危害。

雷电是指发展旺盛的积雨云中伴有闪电和雷鸣的放电现象，会对人身安全、建筑、电力和通信设施等造成危害。

冰雹是指由冰晶组成的固态降水，会对农业、人身安全、室外设施等造成危害。

霜冻是指地面温度降到零摄氏度或以下导致植物损伤的灾害。

冰冻是指雨、雪、雾在物体上冻结成冰的天气现象，会对农牧业、林业、交通和电力、通信设施等造成危害。

大雾是指空气中悬浮的微小水滴或冰晶使能见度显著降低的天气现象，会对交通、电力、人体健康等造成危害。

霾是指空气中悬浮的微小尘粒、烟粒或盐粒使能见度显著降低的天气现象，会对交通、环境、人体健康等造成危害。

二〇一〇年一月

北　京

气象灾害预警信号发布与传播办法

中国气象局令

第 16 号

《气象灾害预警信号发布与传播办法》经 2007 年 6 月 11 日中国气象局局务会审议通过，现予公布，自发布之日起施行。

局长　郑国光

二〇〇七年六月十二日

第一条　为了规范气象灾害预警信号发布与传播，防御和减轻气象灾害，保护国家和人民生命财产安全，依据《中华人民共和国气象法》《国家突发公共事件总体应急预案》，制定本办法。

第二条　在中华人民共和国领域和中华人民共和国管辖的其他海域发布与传播气象灾害预警信号，必须遵守本办法。

本办法所称气象灾害预警信号（以下简称预警信号），是指各级气象主管机构所属的气象台站向社会公众发布的预警信息。

预警信号由名称、图标、标准和防御指南组成，分为台风、暴雨、暴雪、寒潮、大风、沙尘暴、高温、干旱、雷电、冰雹、霜冻、大雾、霾、道路结冰等。

第三条 预警信号的级别依据气象灾害可能造成的危害程度、紧急程度和发展态势一般划分为四级：Ⅳ级（一般）、Ⅲ级（较重）、Ⅱ级（严重）、Ⅰ级（特别严重），依次用蓝色、黄色、橙色和红色表示，同时以中英文标识。

本办法根据不同种类气象灾害的特征、预警能力等，确定不同种类气象灾害的预警信号级别。

第四条 国务院气象主管机构负责全国预警信号发布、解除与传播的管理工作。

地方各级气象主管机构负责本行政区域内预警信号发布、解除与传播的管理工作。

其他有关部门按照职责配合气象主管机构做好预警信号发布与传播的有关工作。

第五条 地方各级人民政府应当加强预警信号基础设施建设，建立畅通、有效的预警信息发布与传播渠道，扩大预警信息覆盖面，并组织有关部门建立气象灾害应急机制和系统。

学校、机场、港口、车站、高速公路、旅游景点等人口密集公共场所的管理单位应当设置或者利用电子显示装置及其他设施传播预警信号。

第六条　国家依法保护预警信号专用传播设施，任何组织或者个人不得侵占、损毁或者擅自移动。

第七条　预警信号实行统一发布制度。

各级气象主管机构所属的气象台站按照发布权限、业务流程发布预警信号，并指明气象灾害预警的区域。发布权限和业务流程由国务院气象主管机构另行制定。

其他任何组织或者个人不得向社会发布预警信号。

第八条　各级气象主管机构所属的气象台站应当及时发布预警信号，并根据天气变化情况，及时更新或者解除预警信号，同时通报本级人民政府及有关部门、防灾减灾机构。

当同时出现或者预报可能出现多种气象灾害时，可以按照相对应的标准同时发布多种预警信号。

第九条　各级气象主管机构所属的气象台站应当充分利用广播、电视、固定网、移动网、因特网、电子显示装置等手段及时向社会发布预警信号。在少数民族聚居区发布预警信号时除使用汉语言文字外，还应当使用当地通用的少数民族语言文字。

第十条　广播、电视等媒体和固定网、移动网、因特网等通信网络应当配合气象主管机构及时传播预警信号，使用气象主管机构所属的气象台站直接提供的实时预警信号，并标明发布预警信号的气象台站的名称和发布时间，不得更改和删减预警信号的内容，不得拒绝传播气象灾害预警信号，不得传播虚假、过时的气象灾害预警信号。

第十一条　地方各级人民政府及其有关部门在接到气象主管机构所属的气象台站提供的预警信号后，应当及时公告，向公众广泛传播，并按照职责采取有效措施做好气象灾害防御工作，避免或者减轻气象灾害。

第十二条　气象主管机构应当组织气象灾害预警信号的教育宣传工作，编印预警信号宣传材料，普及气象防灾减灾知识，增强社会公众的防灾减灾意识，提高公众自救、互救能力。

第十三条　违反本办法规定，侵占、损毁或者擅自移动预警信号专用传播设施的，由有关气象主管机构依照《中华人民共和国气象法》第三十五条的规定追究法律责任。

第十四条　违反本办法规定，有下列行为之一的，由有关气象主管机构依照《中华人民共和国气象法》第三十八条的规定追究法律责任：

（一）非法向社会发布与传播预警信号的；

（二）广播、电视等媒体和固定网、移动网、因特网等通信网络不使用气象主管机构所属的气象台站提供的实时预警信号的。

第十五条　气象工作人员玩忽职守，导致预警信号的发布出现重大失误的，对直接责任人员和主要负责人给予行政处分；构成犯罪的，依法追究刑事责任。

第十六条　地方各级气象主管机构所属的气象台站发布预警信号，适用本办法所附《气象灾害预警信号及防御指南》中的各类预警信号标准。

省、自治区、直辖市制定地方性法规、地方政府规章或者规范性文件时，可以根据本行政区域内气象灾害的特点，选用或者增设本办法规定的预警信号种类，设置不同信号标准，并经国务院气象主管机构审查同意。

第十七条　国务院气象主管机构所属的气象台站发布的预警信号标准由国务院气象主管机构另行制定。

第十八条　本办法自发布之日起施行。

气象灾害预警信号及防御指南

一、台风预警信号

台风预警信号分四级，分别以蓝色、黄色、橙色和红色表示。

（一）台风蓝色预警信号

图标：

标准：24 小时内可能或者已经受热带气旋影响，沿海或者陆地平均风力达 6 级以上，或者阵风 8 级以上并可能持续。

防御指南：

1. 政府及相关部门按照职责做好防台风准备工作；

2. 停止露天集体活动和高空等户外危险作业；

3. 相关水域水上作业和过往船舶采取积极的应对措施，如回港避风或者绕道航行等；

4. 加固门窗、围板、棚架、广告牌等易被风吹动的搭建物，切断危险的室外电源。

（二）台风黄色预警信号

图标：

标准：24 小时内可能或者已经受热带气旋影响，沿海或者陆地平均风力达 8 级以上，或者阵风 10 级以上并可能持续。

防御指南：

1. 政府及相关部门按照职责做好防台风应急准备工作；

2. 停止室内外大型集会和高空等户外危险作业；

3. 相关水域水上作业和过往船舶采取积极的应对措施，加固港口设施，防止船舶走锚、搁浅和碰撞；

4. 加固或者拆除易被风吹动的搭建物，人员切勿随意外出，确保老人小孩留在家中最安全的地方，危房人员及时转移。

（三）台风橙色预警信号

图标：

标准：12 小时内可能或者已经受热带气旋影响，沿海或者陆地平均风力达 10 级以上，或者阵风 12 级以上并可能持续。

防御指南：

1. 政府及相关部门按照职责做好防台风抢险应急工作；

2. 停止室内外大型集会、停课、停业（除特殊行业外）；

3. 相关水域水上作业和过往船舶应当回港避风，加固港口设施，防止船舶走锚、搁浅和碰撞；

4. 加固或者拆除易被风吹动的搭建物，人员应当尽可能待在防风安全的地方，当台风中心经过时风力会减小或者静止一段时间，切记强风将会突然吹袭，应当继续留在安全处避风，危房人员及时转移；

5. 相关地区应当注意防范强降水可能引发的山洪、地质灾害。

（四）台风红色预警信号

图标：

标准：6 小时内可能或者已经受热带气旋影响，沿海或者陆地平均风力达 12 级以上，或者阵风达 14 级以上并可能持续。

防御指南：

1. 政府及相关部门按照职责做好防台风应急和抢险工作；

2. 停止集会、停课、停业（除特殊行业外）；

3. 回港避风的船舶要视情况采取积极措施，妥善安排人员留守或者转移到安全地带；

4. 加固或者拆除易被风吹动的搭建物，人员应当待在防风安全的地方，当台风中心经过时风力会减小或者静止一段时间，切记强风将会突然吹袭，应当继续留在安全处避风，危房人员及时转移；

5. 相关地区应当注意防范强降水可能引发的山洪、地质灾害。

二、暴雨预警信号

暴雨预警信号分四级，分别以蓝色、黄色、橙色、红色表示。

（一）暴雨蓝色预警信号

图标：

标准：12 小时内降雨量将达 50 毫米以上，或者已达 50 毫米以上且降雨可能持续。

防御指南：

1. 政府及相关部门按照职责做好防暴雨准备工作；

2. 学校、幼儿园采取适当措施，保证学生和幼儿安全；

3. 驾驶人员应当注意道路积水和交通阻塞，确保安全；

4. 检查城市、农田、鱼塘排水系统，做好排涝准备。

（二）暴雨黄色预警信号

图标：

标准：6 小时内降雨量将达 50 毫米以上，或者已达 50 毫米以上且降雨可能持续。

防御指南：

1. 政府及相关部门按照职责做好防暴雨工作；

2. 交通管理部门应当根据路况在强降雨路段采取交通管制措施，在积水路段实行交通引导；

3. 切断低洼地带有危险的室外电源，暂停在空旷地方的户外作业，转移危险地带人员和危房居民到安全场所避雨；

4. 检查城市、农田、鱼塘排水系统，采取必要的排涝措施。

（三）暴雨橙色预警信号

图标：

标准：3 小时内降雨量将达 50 毫米以上，或者已达 50 毫米以上且降雨可能持续。

防御指南：

1. 政府及相关部门按照职责做好防暴雨应急工作；

2. 切断有危险的室外电源，暂停户外作业；

3. 处于危险地带的单位应当停课、停业，采取专门措施保护已到校学生、幼儿和其他上班人员的安全；

4. 做好城市、农田的排涝，注意防范可能引发的山洪、滑坡、泥石流等灾害。

（四）暴雨红色预警信号

图标：

标准：3 小时内降雨量将达 100 毫米以上，或者已达 100 毫米以上且降雨可能持续。

防御指南：

1. 政府及相关部门按照职责做好防暴雨应急和抢险工作；

2. 停止集会、停课、停业（除特殊行业外）；

3. 做好山洪、滑坡、泥石流等灾害的防御和抢险工作。

三、暴雪预警信号

暴雪预警信号分四级，分别以蓝色、黄色、橙色、红色表示。

（一）暴雪蓝色预警信号

图标：

标准：12 小时内降雪量将达 4 毫米以上，或者已达 4 毫米以上且降雪持续，可能对交通或者农牧业有影响。

防御指南：

1. 政府及有关部门按照职责做好防雪灾和防冻害准备工作；

2. 交通、铁路、电力、通信等部门应当进行道路、铁路、线路巡查维护，做好道路清扫和积雪融化工作；

3. 行人注意防寒防滑，驾驶人员小心驾驶，车辆应当采取防滑措施；

4. 农牧区和种养殖业要储备饲料，做好防雪灾和防冻害准备；

5. 加固棚架等易被雪压的临时搭建物。

（二）暴雪黄色预警信号

图标：

标准：12 小时内降雪量将达 6 毫米以上，或者已达 6 毫米以上且降雪持续，可能对交通或者农牧业有影响。

防御指南：

1. 政府及相关部门按照职责落实防雪灾和防冻害措施；

2. 交通、铁路、电力、通信等部门应当加强道路、铁路、线路巡查维护，做好道路清扫和积雪融化工作；

3. 行人注意防寒防滑，驾驶人员小心驾驶，车辆应当采取防滑措施；

4. 农牧区和种养殖业要备足饲料，做好防雪灾和防冻害准备；

5. 加固棚架等易被雪压的临时搭建物。

（三）暴雪橙色预警信号

图标：

标准：6 小时内降雪量将达 10 毫米以上，或者已达 10 毫米以上且降雪持续，可能或者已经对交通或者农牧业有较大影响。

防御指南：

1. 政府及相关部门按照职责做好防雪灾和防冻害的应急工作；

2. 交通、铁路、电力、通信等部门应当加强道路、铁路、线路巡查维护，做好道路清扫和积雪融化工作；

3. 减少不必要的户外活动；

4. 加固棚架等易被雪压的临时搭建物，将户外牲畜赶入棚圈喂养。

（四）暴雪红色预警信号

图标：

标准：6 小时内降雪量将达 15 毫米以上，或者已达 15 毫米以上且降雪持续，可能或者已经对交通或者农牧业有较大影响。

防御指南：

1. 政府及相关部门按照职责做好防雪灾和防冻害的应急和抢险工作；

2. 必要时停课、停业（除特殊行业外）；

3. 必要时飞机暂停起降，火车暂停运行，高速公路暂时封闭；

4. 做好牧区等救灾救济工作。

四、寒潮预警信号

寒潮预警信号分四级，分别以蓝色、黄色、橙色、红色表示。

（一）寒潮蓝色预警信号

图标：

标准：48 小时内最低气温将要下降 8℃以上，最低气温小于等于 4℃，陆地平均风力可达 5 级以上；或者已经下降 8℃以上，最低气温小于等于 4℃，平均风力达 5 级以上，并可能持续。

防御指南：

1. 政府及有关部门按照职责做好防寒潮准备工作；

2. 注意添衣保暖；

3. 对热带作物、水产品采取一定的防护措施；

4. 做好防风准备工作。

（二）寒潮黄色预警信号

图标：

标准：24 小时内最低气温将要下降 10℃以上，最低气温小于等于 4℃，陆地平均风力可达 6 级以上；或者已经下降 10℃以上，最低气温小于等于 4℃，平均风力达 6 级以上，并可能持续。

防御指南：

1. 政府及有关部门按照职责做好防寒潮工作；

2. 注意添衣保暖，照顾好老、弱、病人；

3. 对牲畜、家禽和热带、亚热带水果及有关水产品、农作物等采取防寒措施；

4. 做好防风工作。

（三）寒潮橙色预警信号

图标：

标准：24 小时内最低气温将要下降 12℃以上，最低气温小于等于 0℃，陆地平均风力可达 6 级以上；或者已经下降 12℃以上，最低气温小于等于 0℃，平均风力达 6 级以上，并可能持续。

防御指南：

1. 政府及有关部门按照职责做好防寒潮应急工作；

2. 注意防寒保暖；

3. 农业、水产业、畜牧业等要积极采取防霜冻、冰冻等防寒措施，尽量减少损失；

4. 做好防风工作。

（四）寒潮红色预警信号

图标：

标准：24 小时内最低气温将要下降 16℃以上，最低气温小于等于 0℃，陆地平均风力可达 6 级以上；或者已经下降 16℃以上，最低气温小于等于 0℃，平均风力达 6 级以上，并可能持续。

防御指南：

1. 政府及相关部门按照职责做好防寒潮的应急和抢险工作；

2. 注意防寒保暖；

3. 农业、水产业、畜牧业等要积极采取防霜冻、冰冻等防寒措施，尽量减少损失；

4. 做好防风工作。

五、大风预警信号

大风（除台风外）预警信号分四级，分别以蓝色、黄色、橙色、红色表示。

（一）大风蓝色预警信号

图标：

标准：24小时内可能受大风影响，平均风力可达6级以上，或者阵风7级以上；或者已经受大风影响，平均风力为6~7级，或者阵风7~8级并可能持续。

防御指南：

1. 政府及相关部门按照职责做好防大风工作；

2. 关好门窗，加固围板、棚架、广告牌等易被风吹动的搭建物，妥善安置易受大风影响的室外物品，遮盖建筑物资；

3. 相关水域水上作业和过往船舶采取积极的应对措施，如回港避风或者绕道航行等；

4. 行人注意尽量少骑自行车，刮风时不要在广告牌、临时搭建物等下面逗留；

5. 有关部门和单位注意森林、草原等防火。

（二）大风黄色预警信号

图标：

标准：12 小时内可能受大风影响，平均风力可达 8 级以上，或者阵风 9 级以上；或者已经受大风影响，平均风力为 8~9 级，或者阵风 9~10 级并可能持续。

防御指南：

1. 政府及相关部门按照职责做好防大风工作；

2. 停止露天活动和高空等户外危险作业，危险地带人员和危房居民尽量转到避风场所避风；

3. 相关水域水上作业和过往船舶采取积极的应对措施，加固港口设施，防止船舶走锚、搁浅和碰撞；

4. 切断户外危险电源，妥善安置易受大风影响的室外物品，遮盖建筑物资；

5. 机场、高速公路等单位应当采取保障交通安全的措施，有关部门和单位注意森林、草原等防火。

（三）大风橙色预警信号

图标：

标准：6 小时内可能受大风影响，平均风力可达 10 级以上，或者阵风 11 级以上；或者已经受大风影响，平均风力为 10~11 级，或者阵风 11~12 级并可能持续。

防御指南：

1. 政府及相关部门按照职责做好防大风应急工作；

2. 房屋抗风能力较弱的中小学校和单位应当停课、停业，人员减少外出；

3. 相关水域水上作业和过往船舶应当回港避风，加固港口设施，防止船舶走锚、搁浅和碰撞；

4. 切断危险电源，妥善安置易受大风影响的室外物品，遮盖建筑物资；

5. 机场、铁路、高速公路、水上交通等单位应当采取保障交通安全的措施，有关部门和单位注意森林、草原等防火。

（四）大风红色预警信号

图标：

标准：6 小时内可能受大风影响，平均风力可达 12 级以上，或者阵风 13 级以上；或者已经受大风影响，平均风力为 12 级以上，或者阵风 13 级以上并可能持续。

防御指南：

1. 政府及相关部门按照职责做好防大风应急和抢险工作；

2. 人员应当尽可能停留在防风安全的地方，不要随意外出；

3. 回港避风的船舶要视情况采取积极措施，妥善安排人员留守或者转移到安全地带；

4. 切断危险电源，妥善安置易受大风影响的室外物品，遮盖建筑物资；

5. 机场、铁路、高速公路、水上交通等单位应当采取保障交通安全的措施，有关部门和单位注意森林、草原等防火。

六、沙尘暴预警信号

沙尘暴预警信号分三级，分别以黄色、橙色、红色表示。

（一）沙尘暴黄色预警信号

图标：

标准：12小时内可能出现沙尘暴天气（能见度小于1000米），或者已经出现沙尘暴天气并可能持续。

防御指南：

1. 政府及相关部门按照职责做好防沙尘暴工作；

2. 关好门窗，加固围板、棚架、广告牌等易被风吹动的搭建物，妥善安置易受大风影响的室外物品，遮盖建筑物资，做好精密仪器的密封工作；

3. 注意携带口罩、纱巾等防尘用品，以免沙尘对眼睛和呼吸道造成损伤；

4. 呼吸道疾病患者、对风沙较敏感人员不要到室外活动。

（二）沙尘暴橙色预警信号

图标：

标准：6 小时内可能出现强沙尘暴天气（能见度小于 500 米），或者已经出现强沙尘暴天气并可能持续。

防御指南：

1. 政府及相关部门按照职责做好防沙尘暴应急工作；

2. 停止露天活动和高空、水上等户外危险作业；

3. 机场、铁路、高速公路等单位做好交通安全的防护措施，驾驶人员注意沙尘暴变化，小心驾驶；

4. 行人注意尽量少骑自行车，户外人员应当戴好口罩、纱巾等防尘用品，注意交通安全。

（三）沙尘暴红色预警信号

图标：

标准：6 小时内可能出现特强沙尘暴天气（能见度小于 50 米），或者已经出现特强沙尘暴天气并可能持续。

防御指南：

1. 政府及相关部门按照职责做好防沙尘暴应急抢险工作；

2. 人员应当留在防风、防尘的地方，不要在户外活动；

3. 学校、幼儿园推迟上学或者放学，直至特强沙尘暴结束；

4. 飞机暂停起降，火车暂停运行，高速公路暂时封闭。

七、高温预警信号

高温预警信号分三级，分别以黄色、橙色、红色表示。

（一）高温黄色预警信号

图标：

标准：连续三天日最高气温将在 35℃ 以上。

防御指南：

1. 有关部门和单位按照职责做好防暑降温准备工作；

2. 午后尽量减少户外活动；

3. 对老、弱、病、幼人群提供防暑降温指导；

4. 高温条件下作业和白天需要长时间进行户外露天作业的人员应当采取必要的防护措施。

（二）高温橙色预警信号

图标：

标准：24 小时内最高气温将升至 37℃以上。

防御指南：

1. 有关部门和单位按照职责落实防暑降温保障措施；

2. 尽量避免在高温时段进行户外活动，高温条件下作业的人员应当缩短连续工作时间；

3. 对老、弱、病、幼人群提供防暑降温指导，并采取必要的防护措施；

4. 有关部门和单位应当注意防范因用电量过高，以及电线、变压器等电力负载过大而引发的火灾。

（三）高温红色预警信号

图标：

标准：24 小时内最高气温将升至 40℃以上。

防御指南：

1. 有关部门和单位按照职责采取防暑降温应急措施；

2. 停止户外露天作业（除特殊行业外）；

3. 对老、弱、病、幼人群采取保护措施；

4. 有关部门和单位要特别注意防火。

八、干旱预警信号

干旱预警信号分二级，分别以橙色、红色表示。干旱指标等级划分，以国家标准《气象干旱等级》（GB/T20481 -2006）中的综合气象干旱指数为标准。

（一）干旱橙色预警信号

图标：

标准：预计未来一周综合气象干旱指数达到重旱（气象干旱为 25~50 年一遇），或者某一县（区）有 40% 以上的农作物受旱。

防御指南：

1. 有关部门和单位按照职责做好防御干旱的应急工作；

2. 有关部门启用应急备用水源，调度辖区内一切可用水源，优先保障城乡居民生活用水和牲畜饮水；

3. 压减城镇供水指标，优先经济作物灌溉用水，限制大量农业灌溉用水；

4. 限制非生产性高耗水及服务业用水，限制排放工业污水；

5. 气象部门适时进行人工增雨作业。

（二）干旱红色预警信号

图标：

标准：预计未来一周综合气象干旱指数达到特旱（气象干旱为 50 年以上一遇），或者某一县（区）有 60% 以上的农作物受旱。

防御指南：

1. 有关部门和单位按照职责做好防御干旱的应急和救灾工作；

2. 各级政府和有关部门启动远距离调水等应急供水方案，采取提外水、打深井、车载送水等多种手段，确保城乡居民生活和牲畜饮水；

3. 限时或者限量供应城镇居民生活用水，缩小或者阶段性停止农业灌溉供水；

4. 严禁非生产性高耗水及服务业用水，暂停排放工业污水；

5. 气象部门适时加大人工增雨作业力度。

九、雷电预警信号

雷电预警信号分三级，分别以黄色、橙色、红色表示。

（一）雷电黄色预警信号

图标：

标准：6小时内可能发生雷电活动，可能会造成雷电灾害事故。

防御指南：

1. 政府及相关部门按照职责做好防雷工作；

2. 密切关注天气，尽量避免户外活动。

（二）雷电橙色预警信号

图标：

标准：2 小时内发生雷电活动的可能性很大，或者已经受雷电活动影响，且可能持续，出现雷电灾害事故的可能性比较大。

防御指南：

1. 政府及相关部门按照职责落实防雷应急措施；

2. 人员应当留在室内，并关好门窗；

3. 户外人员应当躲入有防雷设施的建筑物或者汽车内；

4. 切断危险电源，不要在树下、电杆下、塔吊下避雨；

5. 在空旷场地不要打伞，不要把农具、羽毛球拍、高尔夫球杆等扛在肩上。

（三）雷电红色预警信号

图标：

标准：2 小时内发生雷电活动的可能性非常大，或者已经有强烈的雷电活动发生，且可能持续，出现雷电灾害事故的可能性非常大。

防御指南：

1. 政府及相关部门按照职责做好防雷应急抢险工作；

2. 人员应当尽量躲入有防雷设施的建筑物或者汽车内，并关好门窗；

3. 切勿接触天线、水管、铁丝网、金属门窗、建筑物外墙，远离电线等带电设备和其他类似金属装置；

4. 尽量不要使用无防雷装置或者防雷装置不完备的电视、电话等电器；

5. 密切注意雷电预警信息的发布。

十、冰雹预警信号

冰雹预警信号分二级，分别以橙色、红色表示。

（一）冰雹橙色预警信号

图标：

标准：6 小时内可能出现冰雹天气，并可能造成雹灾。

防御指南：

1. 政府及相关部门按照职责做好防冰雹的应急工作；

2. 气象部门做好人工防雹作业准备并择机进行作业；

3. 户外行人立即到安全的地方暂避；

4. 驱赶家禽、牲畜进入有顶篷的场所，妥善保护易受冰雹袭击的汽车等室外物品或者设备；

5. 注意防御冰雹天气伴随的雷电灾害。

（二）冰雹红色预警信号

图标：

标准：2 小时内出现冰雹可能性极大，并可能造成重雹灾。

防御指南：

1. 政府及相关部门按照职责做好防冰雹的应急和抢险工作；

2. 气象部门适时开展人工防雹作业；

3. 户外行人立即到安全的地方暂避；

4. 驱赶家禽、牲畜进入有顶篷的场所，妥善保护易受冰雹袭击的汽车等室外物品或者设备；

5. 注意防御冰雹天气伴随的雷电灾害。

十一、霜冻预警信号

霜冻预警信号分三级，分别以蓝色、黄色、橙色表示。

（一）霜冻蓝色预警信号

图标：

标准：48 小时内地面最低温度将要下降到 0℃以下，对农业将产生影响，或者已经降到 0℃以下，对农业已经产生影响，并可能持续。

防御指南：

1. 政府及农林主管部门按照职责做好防霜冻准备工作；

2. 对农作物、蔬菜、花卉、瓜果、林业育种要采取一定的防护措施；

3. 农村基层组织和农户要关注当地霜冻预警信息，以便采取措施加强防护。

（二）霜冻黄色预警信号

图标：

标准：24 小时内地面最低温度将要下降到零下 3℃ 以下，对农业将产生严重影响，或者已经降到零下 3℃ 以下，对农业已经产生严重影响，并可能持续。

防御指南：

1. 政府及农林主管部门按照职责做好防霜冻应急工作；

2. 农村基层组织要广泛发动群众，防灾抗灾；

3. 对农作物、林业育种要积极采取田间灌溉等防霜冻、冰冻措施，尽量减少损失；

4. 对蔬菜、花卉、瓜果要采取覆盖、喷洒防冻液等措施，减轻冻害。

（三）霜冻橙色预警信号

图标：

标准：24 小时内地面最低温度将要下降到零下 5℃ 以下，对农业将产生严重影响，或者已经降到零下 5℃ 以下，对农业已经产生严重影响，并将持续。

防御指南：

1. 政府及农林主管部门按照职责做好防霜冻应急工作；

2. 农村基层组织要广泛发动群众，防灾抗灾；

3. 对农作物、蔬菜、花卉、瓜果、林业育种要采取积极的应对措施，尽量减少损失。

十二、大雾预警信号

大雾预警信号分三级，分别以黄色、橙色、红色表示。

（一）大雾黄色预警信号

图标：

标准：12 小时内可能出现能见度小于 500 米的雾，或者已经出现能见度小于 500 米、大于等于 200 米的雾并将持续。

防御指南：

1. 有关部门和单位按照职责做好防雾准备工作；

2. 机场、高速公路、轮渡码头等单位加强交通管理，保障安全；

3. 驾驶人员注意雾的变化，小心驾驶；

4. 户外活动注意安全。

（二）大雾橙色预警信号

图标：

标准：6 小时内可能出现能见度小于 200 米的雾，或者已经出现能见度小于 200 米、大于等于 50 米的雾并将持续。

防御指南：

1. 有关部门和单位按照职责做好防雾工作；

2. 机场、高速公路、轮渡码头等单位加强调度指挥；

3. 驾驶人员必须严格控制车、船的行进速度；

4. 减少户外活动。

（三）大雾红色预警信号

图标：

标准：2 小时内可能出现能见度小于 50 米的雾，或者已经出现能见度小于 50 米的雾并将持续。

防御指南：

1. 有关部门和单位按照职责做好防雾应急工作；

2. 有关单位按照行业规定适时采取交通安全管制措施，如机场暂停飞机起降，高速公路暂时封闭，轮渡暂时停航等；

3. 驾驶人员根据雾天行驶规定，采取雾天预防措施，根据环境条件采取合理行驶方式，并尽快寻找安全停放区域停靠；

4. 不要进行户外活动。

十三、霾预警信号

霾预警信号分二级，分别以黄色、橙色表示。

（一）霾黄色预警信号

图标：

标准：12 小时内可能出现能见度小于 3000 米的霾，或者已经出现能见度小于 3000 米的霾且可能持续。

防御指南：

1. 驾驶人员小心驾驶；

2. 因空气质量明显降低，人员需适当防护；

3. 呼吸道疾病患者尽量减少外出，外出时可戴上口罩。

（二）霾橙色预警信号

图标：

标准：6 小时内可能出现能见度小于 2000 米的霾，或者已经出现能见度小于 2000 米的霾且可能持续。

防御指南：

1. 机场、高速公路、轮渡码头等单位加强交通管理，保障安全；

2. 驾驶人员谨慎驾驶；

3. 空气质量差，人员需适当防护；

4. 人员减少户外活动，呼吸道疾病患者尽量避免外出，外出时可戴上口罩。

十四、道路结冰预警信号

道路结冰预警信号分三级，分别以黄色、橙色、红色表示。

（一）道路结冰黄色预警信号

图标：

标准：当路表温度低于 0℃，出现降水，12 小时内可能出现对交通有影响的道路结冰。

防御指南：

1. 交通、公安等部门要按照职责做好道路结冰应对准备工作；

2. 驾驶人员应当注意路况，安全行驶；

3. 行人外出尽量少骑自行车，注意防滑。

（二）道路结冰橙色预警信号

图标：

标准：当路表温度低于 0℃，出现降水，6 小时内可能出现对交通有较大影响的道路结冰。

防御指南：

1. 交通、公安等部门要按照职责做好道路结冰应急工作；

2. 驾驶人员必须采取防滑措施，听从指挥，慢速行驶；

3. 行人出门注意防滑。

（三）道路结冰红色预警信号

图标：

标准：当路表温度低于0℃，出现降水，2小时内可能出现或者已经出现对交通有很大影响的道路结冰。

防御指南：

1. 交通、公安等部门做好道路结冰应急和抢险工作；

2. 交通、公安等部门注意指挥和疏导行驶车辆，必要时关闭结冰道路交通；

3. 人员尽量减少外出。